Tasty Food
食在好吃

川湘菜客家菜
一本就够

杨桃美食编辑部 主编

江苏凤凰科学技术出版社

图书在版编目（CIP）数据

川湘菜客家菜一本就够 / 杨桃美食编辑部主编 . --
南京 : 江苏凤凰科学技术出版社 , 2015.7（2019.11 重印）
（食在好吃系列）
ISBN 978-7-5537-4530-5

Ⅰ . ①川… Ⅱ . ①杨… Ⅲ . ①菜谱 – 中国 Ⅳ .
① TS972.182

中国版本图书馆 CIP 数据核字 (2015) 第 102744 号

川湘菜客家菜一本就够

主 编	杨桃美食编辑部
责 任 编 辑	葛 昀
责 任 监 制	方 晨

出 版 发 行	江苏凤凰科学技术出版社
出 版 社 地 址	南京市湖南路 1 号 A 楼，邮编：210009
出 版 社 网 址	http://www.pspress.cn
印 刷	天津旭丰源印刷有限公司

开 本	718mm×1000mm 1/16
印 张	10
插 页	4
版 次	2015年7月第1版
印 次	2019年11月第2次印刷

标 准 书 号	ISBN 978-7-5537-4530-5
定 价	29.80元

图书如有印装质量问题，可随时向我社出版科调换。

前言
PREFACE

　　四川菜（又称川菜）与湖南菜（又称湘菜）皆为中国八大菜系之一，两者都以辣著称，因都地处内陆，又位于山区，菜色皆为淡水鱼类或是山中野味，重调味与刀工，所以常以川湘合名。川菜麻辣、湘菜酸辣的特性使得川湘菜非常下饭，也成为中国非常受到欢迎的菜系。

　　俗话说："有山就有客"，客家人总是给人团结又勤俭的形象，并以自己的文化为傲，经过不同时期的演进，客家菜已自成一格。客家菜风格鲜明，菜色大多油油亮亮，吃起来口感滑润，饮食倾向重口味，且早期因为物资较不足，客家人喜欢将蔬菜用盐腌渍保存，并用这些加工处理过的腌制菜类，如福菜、梅干菜、笋干等入菜，利用腌菜的咸香味搭配肉类或笋干炖煮，让菜咸、香、油而不腻，配着白饭就能吃好几碗。

　　本书特地选取了川湘菜以及客家美食中常见且精华的材料，精选出广为流传并适合家庭制作的百余种美味。其中既有传统佳肴，也有创新菜式，荤素搭配，营养均衡，分别以材料、调料、腌料、做法、美味关键小贴士等分项予以介绍。通过细致的文字步骤指导和完整的图片来引导完成一道道色香味俱全的美食，让你上手更快速，做得更美味、更营养！要怎么轻松学会博大精深的川湘菜、客家菜呢？就让大厨把精髓传授给你吧！

目录
CONTENTS

PART 1
川湘情，够辣才过瘾

在家做菜必备的器具

其实在家做菜不需要什么特别的器具，大部分都是一般家庭厨房就有的，不过还是得了解它们的用法才能得心应手、轻松做菜喔！

砂锅

由于砂锅导热系数远比金属锅具小，较容易保留温度，可以避免在烹调时快速增温，避免食材中心与外部温度相差太多，产生外焦内生的状况，所以砂锅可以让菜品内外煮得一样均匀，特别美味。此外砂锅不易散失的余温，更可以帮助汤汁浓缩，让整锅汤汁更加浓稠，整道菜更加鲜美。

长筷子、长夹

当食物在热油锅中油炸时，有时需要翻动以免粘锅，此时长筷子或是长夹就是一个好帮手，它能避免因为油炸的高温而烫伤。夹子会比长筷子好用，但是夹子通常是金属制，使用时动作要迅速，不然会烫手。

酒精炉

通常一些需要不断保温的菜品会用上这种以酒精为燃料的炉具，除了圆锅外还有椭圆盘，比如五更肠旺、清蒸鱼等都可以利用这种炉具持续加温，不会因冷却而丧失了美味，也又不会因为炉火过旺让菜肴干掉或焦掉。

蒸笼

通常可分为竹蒸笼和金属蒸笼两种，竹蒸笼会吸湿气，因此不会将水蒸气滴到菜肴上，但是缺点是传热没有金属蒸笼快，因此时间会稍长。除了蒸笼外，也可以用电饭锅来蒸煮，但是一次无法蒸太多，如果菜品分量不多，不妨拿来利用。

炒锅

中国人做菜最常使用的就是热炒与油炸两种烹调方法，炒锅既可迅速地翻炒，也可以当作油炸锅。若使用平底锅则没有那么方便，快炒时食物可能会飞散出去，油炸时锅的深度也会不足。

刀具

家庭用的菜刀通常以方形的剁刀居多，不但可以剁开带骨的肉类，还具有"切"的功能。不过建议多准备一把尖头的刀，不但可以处理较小的食材，更方便用于"划"的技巧。

量杯

量杯因为有准确的刻度，通常可以用来量取适当的材料分量，尤其是量取汤汤水水的材料，比如高汤或是水时，把握了准确的分量，煮出来的汤头就不容易过咸或过稀。

搅拌盆

做菜时最好准备一些不同大小、规格的搅拌盆或备料盆，便于操作。如果用于搅拌，最好准备比较深且没有死角的圆盆，才不至于让食材粘黏或散开。

捞勺

捞勺是汆烫与油炸时的好帮手，可以将锅中的食物捞起，并让多余的水分或油先行沥干。建议准备两个，一个用来油炸，另一个则用来汆烫使用，以免在烹调过程中手忙脚乱。

量匙

利用量匙可以更准确地抓准调味料的分量，通常市售的量匙一组有4个，最大的是1大匙，然后是1小匙（茶匙），接下来是1/2小匙，而最小的是1/4小匙。

川湘菜常用香辛料

干辣椒

花椒

豆豉

郫县豆瓣酱

剁椒酱

玉和醋

湖南酱椒

彭州榨菜

长沙辣椒

上海陈年镇江醋

永丰辣酱

泡椒

茶陵紫皮大蒜

浏阳河小曲

地道的红油——
川菜的重要角色

红油汤

材料
A
牛油	1800 克
花椒	600 克
红辣椒	600 克
月桂叶	80 克
八角	80 克
豆豉	200 克
葱	600 克（炸焦）
姜	600 克

B
高汤	6000 毫升

做法
1. 先将牛油放入锅中爆油，再放入其余的材料A炒香，炒匀后盛起备用。
2. 取一容器，倒入高汤煮滚，再放入做法1中的材料，续煮沸即可。

❋ 备注：
1 大匙（固体）= 15 克
1 小匙（固体）= 5 克
1 茶匙（固体）= 5 克
1 茶匙（液体）= 5 毫升
1 大匙（液体）= 15 毫升
1 小匙（液体）= 5 毫升
1 杯（液体）= 250 毫升

主厨推荐必点的川湘菜

鱼香肉丝	宫保鸡丁	夫妻肺片
麻婆豆腐	回锅肉	酸菜鱼
口水鸡	怪味鸡	水煮牛肉
辣子鸡丁	左宗棠鸡	剁椒鱼头
蒸腊味合	东安子鸡	干烧草虾

客家菜必备调味料

客家菜常用腌渍的梅子、酱菠萝、酱冬瓜、橘酱入菜，或是用豆豉、树子来增加风味。腌酱入菜，既可以使菜品香气、口味大大提升，又不浪费食材，是客家人的智慧。

黄豆酱

黄豆酱是黄豆曲洗净晒干，加入米、糖、盐和酒自然发酵而成。黄豆酱味香咸甘，适合蒸鱼炒菜，是客家菜不可或缺的酱料之一。

树 子

树子又名破布籽，有咸甘的风味，腌成酱后，搭配鱼或肉一起烹制，可以引发出鱼肉的鲜甜味，是蒸鱼时简单又美味的调味方式。

紫苏梅

青梅用粗盐搓揉，再用一层糖一层梅的方式，加入紫苏腌渍，紫苏梅味道酸香，除了拿来单吃之外，腌渍炖肉都能增添酸香风味。

酱冬瓜

酱冬瓜和酱菠萝有异曲同工之妙，只不过酱冬瓜味香，酱菠萝较酸，在做炖煮菜品时可以增加风味。冬瓜利水除湿又消炎，最适合在夏天食用。

金橘酱

每年11月左右，是金橘的成熟时期，制作金橘酱时，要将成熟的金橘蒸熟、去籽，加入盐、白糖、酒，煮成泥状。金橘酱是客家餐厅特有的蘸料，常拿来蘸食肉类或是烧煮之用。客家菜善用酱料，喜将多余的食材腌制成酱。

豆 豉

豆豉是以黄豆为原料，利用豆粕发酵而成。豆豉咸香，和其他酱料一样，只要加少许就能增添风味，不用多加盐或多余调味料，蒸鱼或烧肉都很适合。

红糟酱

用红曲、糯米、盐和酒发酵而成的红糟，色泽红润、气味芬芳，是近年来流行的养生食材。红糟适合拿来烧煮炖炒，既能增添食物风味，食物也会自然染色变成漂亮的酒红色。

酱菠萝

熟菠萝或生菠萝，都可以拿来做成酱菠萝。菠萝加入豆曲、盐、糖、酒和甘草，腌渍即成酱菠萝。用酱菠萝来煮汤或蒸鱼都非常适合，咸香又带着水果酸香，汤头增鲜，风味十足。

客家菜常见食材

　　客家人勤俭持家，在蔬菜盛产时期，他们会将很多食材都加入大量的盐腌渍起来，做成咸菜，再经太阳晒干，变成像梅干菜、福菜等腌菜。这些菜不仅保存时间久，用之搭配肉类或其他食材一起炖煮，可以让肥肉的油、腌菜的咸或是笋干的酸充分融为一体，风味更加迷人。

酸菜／福菜／梅干菜

　　农村通常在休耕期间种植芥菜，除了拿来炒食外，剩余的会拿来制作成酸菜、福菜、梅干菜。除新鲜的叶菜可拿来炒食，将多收的芥菜，经太阳曝晒，用脚踩至半熟，再以一层芥菜一层盐的方式，放入大水缸中腌渍一周即成酸菜。若再将酸菜晾在太阳下曝晒，再过一周，就成颜色较深的福菜。将其塞在容器内，长期保存，再将剩余水分晒干，就是所谓的梅干菜。它们咸香下饭，都是客家菜中最常使用的食材。

红葱头

　　红葱头是洋葱家族的一员，外皮红内白，葱香气足，但味道较柔和。剥去薄膜后，切丝炸成红葱酥，香气逼人，拿来爆香或调味，都能使客家菜加分。

花菜干

　　以前在菜花盛产时期，人们将吃不完的新鲜菜花晒成干，存粮好过冬。现代人也许没有粮食短缺的危机，但偶尔吃吃菜干做成的菜肴，反倒别有一种新鲜口感。

圆白菜干

　　趁圆白菜盛产时，摘去老叶、坏叶和叶柄，经过晒软、揉盐、去盐水、晒干等步骤就制成了圆白菜干。晒过的圆白菜干能保存较久，更有一股独特香气。

笋干

　　一般是用冬笋或麻竹笋，经过去菁、浸泡、烧煮、发酵等工序制成。客家菜常使用笋干炖肉，或是加入福菜以增加菜品风味。

长豆干

　　长豆生产旺季时，晒干制成长豆干，以待冬季蔬菜青黄不接时作为煮汤材料。长豆放得越久色越黑，汤头越浓，使用前要先泡过再拿来煮汤。

咸蛋

　　客家人善于利用咸蛋的咸、香、油来入菜，咸蛋本身油脂多，味道浓又香，因此有金沙的美名，像咸蛋苦瓜、咸蛋蒸肉等，都是客家的名菜，做成菜品后色泽和味道都会加分。

老菜脯

　　白萝卜腌制晒干，就成了咸香的菜脯，摆放多年甚至10年以上，就成为色黑味浓的老菜脯。老菜脯过去被称为穷人的人参，现因数量稀少，价格昂贵，加少许用来炖汤，风味十足。

仙草干

　　仙草盛产于中国台湾竹苗山区，农家将新鲜的仙草收成之后，一部分送往青草店，一部分将它曝晒于日光之下让它水分蒸发干燥。由于仙草本身味甘、有胶质，熬煮之后做成仙草鸡汤等菜品，是客家的著名吃法。

嫩姜

　　姜的地下茎在幼嫩时期采收即为嫩姜，口感细嫩。客家人喜用嫩姜入菜，或是加味腌成腌姜，嫩姜不如老姜味呛，做成姜丝大肠整盘食材都可入口，充分展现出客家人的节俭天性。

主厨推荐20道必点客家菜

咸蛋苦瓜	梅干扣肉	客家小炒	姜丝大肠
炒鸡酒	橘酱白斩鸡	客家猪蹄	封肉
菠萝炒木耳	客家咸猪肉	福菜桂笋	红糟肉
韭菜炒猪血	菜脯煎蛋	咸冬瓜蒸鱼	排骨炆菜头
酸菜炆猪肚	菠萝炒猪肺	菠萝苦瓜鸡汤	柿饼鸡汤

PART 1

川湘情，
够辣才过瘾

　　"不怕辣，辣不怕"道出了嗜辣族对辣味的钟爱！本章菜品更是无辣不欢，香辣的川菜和酸辣的湘菜足以挑起你的食欲，让我们一起"辣"个过瘾吧！

宫保鸡丁

材料

A
鸡胸肉	200克

B
干辣椒段	50克
姜片	20克
蒜片	20克
葱段	20克
花椒粒	5克

调料
酱油	1大匙
白糖	1大匙
香油	1大匙
辣油	1大匙
米酒	2大匙

腌料
水淀粉	1/2小匙
鸡蛋	1个

做法

1. 先将鸡胸肉洗净切丁后，取一容器，放入腌料打散搅拌均匀，再放入鸡胸肉丁腌制10分钟备用。

2. 取一锅，加入适量油（材料外）烧热后，加入腌好的鸡丁，炸至金黄后捞出。

3. 锅中留少许油，放入材料B爆香，再放入鸡丁略炒。

4. 最后加入所有的调料炒匀即可。

辣子鸡丁

材料

鸡胸肉300克、干辣椒段80克、葱2根、蒜末少许

调料

盐1小匙、白糖1/2小匙

腌料

酱油1小匙、盐1/4小匙、白糖1/2小匙、淀粉1小匙

做法

1. 将鸡胸肉洗净切丁,加入所有腌料拌匀腌15分钟;干辣椒段泡水;葱洗净切段,备用。
2. 取锅,倒入适量油(材料外)烧热,将腌好的鸡胸肉丁过油,炸至表面金黄后捞出,并将油倒出。
3. 锅中留少许底油加热,放入蒜末、干辣椒段以小火炒1分钟,再放入葱段,以小火炒2分钟。
4. 放入炸过的鸡胸肉丁,再加入所有调料拌炒均匀即可。

粉蒸排骨

材料

排骨300克、芋头100克、蒸肉粉100克、葱花20克、姜末20克

调料

白糖1大匙、豆瓣酱1大匙、辣油1大匙、酱油1大匙、甜面酱1大匙、红腐乳1大匙、米酒2大匙、水100毫升

做法

1. 先将排骨洗净斩块;芋头去皮洗净切块,铺于盘底备用。
2. 取一容器,放入所有调料拌匀,再放入排骨块腌渍30分钟,再倒入蒸肉粉拌匀。
3. 将排骨块倒入盘中。
4. 然后放入蒸锅中蒸约1小时后取出,再撒上葱花、姜末即可。

蒜泥白肉

🍲 材料
带皮五花肉	300克
葱花	20克
蒜末	20克
红辣椒末	10克

🧂 调料
酱油	3大匙
冷开水	2大匙
白糖	1小匙
香油	1大匙

✂️ 做法
1. 带皮五花肉洗净，放入滚水中以小火煮至熟。
2. 将煮熟的五花肉取出冲冷水至降温，放入冰箱中冰镇备用。
3. 将五花肉自冰箱中取出，切薄片，并放入约500毫升开水中略烫，捞出沥干水分后，排入盘中。
4. 将酱油、冷开水、白糖、蒜末、红辣椒末和葱花拌匀，最后加入香油调匀成酱汁，均匀淋到肉片上即可。

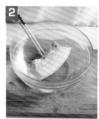

夫妻肺片

📋 材料

A

牛肚	100克
牛舌	100克
牛心	100克
牛腱	100克

B

八角	适量
甘草	适量
花椒	适量
肉桂	适量
干辣椒	适量
草果	适量
丁香	适量
葱段	4根
姜	1块

C

白芝麻（熟）	5克
葱段	1根（切丝）
红辣椒丝	适量

🫙 调料

A

酱油	3大匙
绍兴酒	3大匙
盐	3大匙
糖	5大匙

B

香油	1大匙
辣油	1大匙
卤水	1大匙
镇江醋	1大匙

🍲 做法

1. 先将材料A洗净备用。

2. 取一炒锅，将材料B爆香后，倒入适量热开水（材料外），再加入调料A煮10分钟后关火。

3. 于锅中放入A中的材料，浸泡至材料上色，取出切盘。

4. 取一容器，将调料B调匀，淋在盘中的材料上，再撒上葱丝、红辣椒丝跟白芝麻即可。

水煮牛肉

🍲 材料

Ⓐ

牛肉	200克
葱花	20克
花椒粉	5克

Ⓑ

粉条	50克
腐竹	50克
蒜苗	50克
金针菇	50克
黄豆芽	50克
黑木耳	50克
芥蓝	50克

🧂 调料

豆瓣酱	1大匙
辣椒油	1大匙
红油汤	600毫升
（做法参考P11）	
水	400毫升
糖	1大匙
盐	1大匙

🥣 腌料

鸡蛋	1个(打散)
淀粉	1小匙

🍴 做法

1️⃣ 牛肉洗净后切片，加入腌料略腌，备用。

2️⃣ 取一锅，加入少许油（材料外）烧热，放入花椒粉略炒，再放入所有调料煮滚。

3️⃣ 依序将材料B放入锅中，再放入腌好的牛肉片煮熟。

4️⃣ 最后放上葱花煮滚即可。

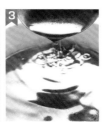

口水鸡

材料

鸡肉	200克
洋葱	100克
黄豆芽	50克
香菜	30克
黄甜椒丝	20克
红甜椒丝	20克
小黄瓜	50克
白芝麻（熟）	10克

调料

镇江醋	1大匙
芝麻酱	1大匙
辣油	1大匙
香油	1大匙
花椒油	1大匙
红油汤	1大匙
（做法参考P11）	
糖	1大匙
酱油	1大匙

做法

❶ 洋葱洗净去皮切丝；小黄瓜洗净切丝；鸡肉放入沸水中氽烫至熟后，取出切细条状，备用。

❷ 将黄豆芽、黄甜椒丝、红甜椒丝放入沸水中氽烫熟透后取出，放入冰水中冰镇备用。

❸ 将做法1、2的所有材料、香菜放入容器中，再将所有调料调匀后倒入。

❹ 最后撒上白芝麻装饰即可。

怪味鸡

🍚 材料
鸡胸肉　　　300克
豆芽菜　　　50克
葱段　　　　1根（切丝）
圆白菜丝　　50克

🫙 调料
怪味酱　　　适量

🍴 做法
① 将鸡胸肉洗净，放入沸水锅中煮5分钟后，关火闷20分钟，再放入冰箱冷藏30分钟，取出切成条状备用。

② 将豆芽菜洗净汆烫过水，滤干备用。

③ 取一个圆盘，放入圆白菜丝，再放入鸡肉丝、豆芽菜和葱丝。

④ 最后再均匀淋上调好的怪味酱即可。

怪味酱

材料： 陈醋1小匙、白糖1小匙、辣油1小匙、花椒油1小匙、芝麻酱1大匙、葱碎1大匙、蒜碎1大匙、红辣椒碎1大匙、香菜碎1大匙

做法： 将所有材料混合搅拌均匀即可。

京酱肉丝

材料
猪肉丝200克、腐竹100克、鲜香菇50克、金针菇50克、葱段30克、干辣椒20克

调料
甜面酱1大匙、辣椒酱1大匙、辣油1大匙、花椒油1大匙、糖1大匙、酱油1小匙

做法
1. 将鲜香菇洗净切丝；金针菇去须根头洗净；干辣椒切段，备用。
2. 取一锅，加入辣油后，放入葱段、干辣椒段爆香，加入其余材料炒匀。
3. 最后加入剩余调料炒匀即可。

干煸四季豆

材料
四季豆200克、猪肉馅100克、虾米50克、蒜碎20克、干辣椒碎5克、花椒5克

调料
糖1大匙、甜面酱1大匙、盐1/3小匙、辣豆瓣酱1小匙、水淀粉1小匙、绍兴酒1大匙

做法
1. 先将四季豆洗净切段沥干，放入油锅中过油后，捞起备用。
2. 锅中留少许油，放入蒜碎、干辣椒碎、花椒爆香，续放入猪肉馅、四季豆、虾米翻炒均匀。
3. 最后加入所有调料，煮至收汁即可。

绍子香蛋

材料
猪肉馅100克、鲜香菇丁50克、鸡蛋4个、豆干丁50克、葱花10克

调料
辣油1大匙、糖1大匙、盐1大匙、水2大匙、水淀粉1大匙

做法
1. 将鸡蛋打入容器内，均匀打散后备用。
2. 热一锅，放入少许油（材料外），将蛋液倒入，煎至两面金黄后盛起。
3. 锅中留余油，放入猪肉馅炒香，再加入鲜香菇丁、豆干丁及所有调料炒匀盛起。
4. 将炒好的材料倒在完成的煎蛋上，再加上葱花装饰即可。

鱼香茄子

材料
茄子2个、猪肉馅100克、葱末1小匙、姜末1小匙、蒜末1小匙、葱花1小匙

调料
A 辣豆瓣酱1大匙、香油少许
B 酱油1大匙、醋1大匙、糖1小匙、水4大匙、米酒1大匙、水淀粉1大匙

做法
1. 茄子洗净切长段，泡水备用。
2. 起油锅，油烧热放入茄子段炸软，捞起沥油备用。
3. 锅中留少许油，以大火爆香葱末、姜末、蒜末及猪肉馅，续加入辣豆瓣酱炒香。
4. 放入调料B煮沸，加入茄子段拌炒均匀。
5. 起锅前加入少许香油及葱花即可。

醋熘凤片

材料

A

鸡胸肉	200克
葱段	50克
蒜片	50克

B

菠萝片	50克
黑木耳片	30克
胡萝卜片	30克
青椒片	50克

调料

辣油	1大匙
白醋	1大匙
糖	1大匙
米酒	1大匙
盐	1/2小匙
水淀粉	1大匙

腌料

淀粉	1大匙
鸡蛋	1个(取蛋清)

做法

1. 先将鸡胸肉洗净切成厚片，加入腌料拌匀略腌备用。

2. 起一油锅，放入鸡胸肉片炸熟后，捞出备用。

3. 锅中留少许油，放入葱段、蒜片爆香，续放入材料B及所有调料（水淀粉除外）炒匀。

4. 起锅前加入水淀粉勾芡即可。

滑熘鱼片

材料

A

草鱼	200克
葱末	20克
姜末	20克
红辣椒末	20克

B

黑木耳片	50克
冬笋片	50克
熟火腿片	50克
泡椒	30克
甜豆	50克

调料

A

香油	1大匙
糖	1小匙
水	3大匙

B

水淀粉	1大匙

腌料

鸡蛋	1个（取蛋清）
盐	1小匙
香油	1小匙
淀粉	1小匙

做法

1. 草鱼连皮洗净，切成片状，加入腌料拌匀，略腌备用。

2. 起一锅，加入少许油（材料外），放入葱末、姜末、红辣椒末爆香，再加入材料B及调料A炒匀。

3. 续放入草鱼片煮熟后，加入水淀粉勾芡即可。

豆瓣鲜鱼

🗂 材料

虱目鱼片	300克
猪肉馅	100克
干辣椒末	30克
酒酿	30克
葱丝	20克
蒜末	20克
姜末	20克
红辣椒丝	适量
杏鲍菇丁	适量

🧂 调料

A

糖	1大匙
辣油	1大匙
豆瓣酱	1大匙
米酒	1大匙
番茄酱	1大匙

B

水淀粉	1小匙

🍳 做法

1. 先将虱目鱼片洗净，放入蒸锅中蒸熟，盛盘备用。

2. 起一锅，加入少许油（材料外）烧热，放入蒜末、姜末爆香，再放入猪肉馅、杏鲍菇丁、干辣椒末、酒酿炒匀。

3. 续放入调料A调味，再加入水淀粉勾芡即成酱汁。

4. 将酱汁淋于虱目鱼片上，再放上葱丝、红辣椒丝搭配食用即可。

川味三色肉片

材料

猪腿肉片150克、榨菜30克、小黄瓜30克、竹笋20克、胡萝卜10克、葱10克、红辣椒10克

调料

盐1/2小匙、糖1小匙、鸡粉1小匙、花椒粉1/2小匙、水50毫升

做法

1. 将榨菜、小黄瓜、竹笋、胡萝卜分别洗净切片，放入沸水锅中氽烫后捞起；红辣椒洗净切片；葱洗净切段，备用。
2. 将猪腿肉片加入调料拌匀，腌制10分钟备用。
3. 热锅关火，放入200毫升冷油（材料外），加入腌肉片过油，捞起备用。
4. 锅中留1大匙油，热锅后加入做法1中的所有材料爆香，再放入猪肉片和所有调料快炒均匀即可。

锅巴虾仁

材料

虾仁200克、锅巴10片、洋葱丁50克、毛豆仁50克

调料

番茄酱2大匙、糖1大匙、白醋1大匙、水2大匙

做法

1. 先将虾仁去肠泥洗净，再放入油锅中略炸后，捞起备用。
2. 再将锅巴放入油锅中过油后捞起，盛于盘中备用。
3. 锅中留少许油，放入洋葱丁、毛豆仁爆香，再放入虾仁拌炒均匀。
4. 最后放入所有调料炒匀，盛起后淋于锅巴上即可。

疑难杂症

🍲 材料

炸花生仁	300克
蒜苗	50克
葱	50克
红辣椒	50克
香菜	50克
小黄瓜	50克
黄豆芽	50克

🧂 调料

白醋	1大匙
酱油	2大匙
糖	1大匙
辣油	1大匙
花椒油	2大匙

📋 做法

❶ 先将黄豆芽放入沸水中氽烫至熟，捞出后冰镇备用。

❷ 将蒜苗、葱、红辣椒、香菜、小黄瓜分别洗净，均切成粗丁状，备用。

❸ 取一容器，放入黄豆芽、做法2中的材料和炸花生仁拌匀。

❹ 将所有调料调匀后，倒入做法3的材料内拌匀即可。

美味关键 因四川地处盆地，气候闷热，常让人心情不佳、食欲不振，因此当地厨师以五种味道入菜，让菜色更下饭，五味就像是各式各样的疑难杂症一般，故名。此菜肴又称为五味花生，当作下酒菜也非常适合。

椒麻肚丝

材料

猪肚	150克
蒜苗	1/2根
红辣椒	1个
姜	60克
葱	1根

调料

酱油	1小匙
糖	1/2大匙
米酒	1小匙
盐	1/4小匙
陈醋	1小匙
香油	1/2小匙
辣油	1/2小匙
花生碎	适量

美味关键

搓洗猪肚时，除了使用盐加面粉之外，也可以利用白醋、可乐或啤酒。

做法

1. 猪肚表面剪去油脂，再将猪肚翻面，放1大匙盐、2大匙面粉（皆材料外），搓揉洗净。

2. 再将猪肚放入80℃沸水锅中氽烫2分钟，至烫软为止，离火后，拿出烫软的猪肚，以小刀刮除猪肚表面的膜。

3. 将处理好的猪肚放入锅中，加入适量葱段、姜片、米酒（皆材料外）焖煮60分钟至熟，取出猪肚切丝状。

4. 将蒜苗、红辣椒、姜、葱分别洗净切成丝，加入所有调料、猪肚丝拌匀即可。

口袋豆腐

材料

Ⓐ 豆腐块200克、鱼肉泥100克、鸡蛋2个、葱段10克、姜片10克

Ⓑ 金钩虾30克、笋片50克、鸡肉片50克、火腿30克、上海青3棵、草菇片10克、黑木耳片10克

调料

Ⓐ 糖1/2小匙、盐1/2小匙、淀粉2大匙、猪油1大匙

Ⓑ 糖1/2小匙、盐1/2小匙、牛奶100毫升、水100毫升、胡椒粉少许、面粉糊2大匙。

做法

① 将鱼肉泥和鸡蛋（打散）、调料A、豆腐拌匀备用。

② 将做法1炸成一个个小橄榄状的鱼丸后捞出，置于容器中备用。

③ 锅中留余油，放入葱段、姜片爆香，再加入材料B翻炒后，续加入调料B略煮。

④ 将酱汁倒入盛有豆腐鱼丸的容器内即可。

烧豆腐

材料

老豆腐2块、肉馅50克、毛豆仁1大匙、黑木耳片30克、胡萝卜片20克、蒜末1/4小匙、姜末1/4小匙、高汤150毫升、水淀粉2小匙

调料

辣椒酱1.5小匙、酱油1小匙、糖1/2小匙

做法

① 老豆腐切长方块，放入热油锅中炸至金黄色，捞出泡入高汤中备用。

② 将毛豆仁、黑木耳片、胡萝卜片放入沸水汆烫，捞出过凉水备用。

③ 油锅烧热，放入蒜末、姜末、肉馅、辣椒酱以小火略炒，再倒入炸豆腐块炒1分钟。

④ 再加入其余调料和做法2中的所有材料，加入泡过豆腐的高汤，以中火煮2分钟至滚，最后再加入水淀粉勾芡即可。

麻婆豆腐

🍲 材料

Ⓐ

鸡蛋豆腐　　200克

Ⓑ

猪肉馅　　　10克
洋葱丁　　　50克
榨菜丁　　　30克
蒜末　　　　20克
葱花　　　　20克
红辣椒末　　20克
花椒粉　　　10克
姜末　　　　10克

🍶 调料

Ⓐ

酱油　　　　1大匙
糖　　　　　1大匙
辣椒油　　　2大匙
红油汤　　　2大匙
（做法参考P11）
米酒　　　　1大匙

Ⓑ

水淀粉　　　1大匙

📖 做法

❶ 先将鸡蛋豆腐切小块，放入油锅中炸至金黄色，捞出备用。

❷ 锅内留少许油，放入材料B爆香，再加入调料A煮至入味。

❸ 将炸好的鸡蛋豆腐块放入锅中，焖煮入味后，再加入水淀粉勾芡即可。

左宗棠鸡

🍖 材料
肉鸡腿 450克
红辣椒 5个
姜末 30克
蒜末 30克

🥢 腌料
酱油 适量
香油 适量
米酒 适量
胡椒粉 适量
淀粉 适量

🧂 调料
酱油 1大匙
米酒 1大匙
镇江醋 1大匙
番茄酱 1小匙
糖 1小匙
水 3大匙
香油 1小匙
辣油 1小匙
水淀粉 1大匙

🍳 做法
1. 将肉鸡腿去骨剁成块状，加入所有腌料腌10分钟后，放入油温为160℃的油锅中小火炸熟，起锅前转大火逼油，捞起备用。
2. 将红辣椒洗净剖对半去籽，放入油温为140℃的油锅中炸干，备用。
3. 取一锅放油烧热，放入姜末、蒜末爆香，再加入炸好的肉鸡腿块、红辣椒拌炒均匀，再放入所有调料炒香即可。

> **美味关键** 加入番茄酱会使得菜品颜色更加漂亮，虽然正宗的湘菜材料中并无番茄酱，但现今的餐厅都会添加一些，让菜色更加有色泽！

湖南豆腐

材料

老豆腐　2块
蒜苗　1根
豆豉　5克
红辣椒　1个（切末）
猪肉末　50克

调料

A
酱油　2大匙
糖　1小匙
米酒　1大匙
水　200毫升
B
水淀粉　1大匙
香油　1小匙
辣油　1小匙

做法

① 将老豆腐切小块，蒜苗洗净切段；油锅烧热，放入豆豉、红辣椒末、猪肉末爆香。

② 续放入老豆腐块煎香，再加入蒜苗段及调料A，入锅焖煮6～7分钟直至汤汁略干。

③ 起锅前加入水淀粉勾芡，再加入香油及辣油拌匀即可。

豆豉炒辣椒

材料
猪肉丝120克、蒜苗1根、豆豉20克、红辣椒5个、蒜15克、萝卜干30克

调料
酱油1大匙、糖1小匙、胡椒粉1/2小匙、水淀粉1小匙、香油1小匙、辣油1小匙、镇江醋1小匙

做法
1. 先将蒜苗、萝卜干洗净切碎；红辣椒、蒜洗净切末，备用。
2. 起一锅，加少许油（材料外）烧热，放入红辣椒末、蒜末、豆豉炒香。
3. 继续加入猪肉丝、蒜苗碎、萝卜干碎与所有调料（水淀粉、香油及辣油除外）拌炒均匀。
4. 起锅前再加入水淀粉勾芡，最后加入香油、辣油拌匀即可。

红焖青红椒

材料
青椒2个、红辣椒10个、蒜末30克、豆豉15克

调料
蚝油1大匙、酱油1小匙、糖1小匙、镇江醋1大匙、水200毫升、香油1小匙、辣油1小匙

做法
1. 将青椒、红辣椒洗净，放入油温为170℃的油锅中，炸至表皮略皱后捞起泡冰水，去膜后切成条状。
2. 油锅留少许油，放入蒜末、豆豉炒香后，再加入去膜青椒条、红辣椒条及所有调料。
3. 最后以小火焖煮2～3分钟至汤汁略干即可。

麻辣田鸡

材料

田鸡	2只
青椒	50克
蒜	20克
红辣椒	30克
花椒	5克

调料

酱油	1大匙
米酒	1大匙
番茄酱	1小匙
糖	1小匙
镇江醋	1大匙
水淀粉	1大匙
香油	1小匙
辣油	1小匙
水	2大匙

做法

❶ 将田鸡洗净剁成块状后，加少许酱油水（材料外）腌制；蒜、青椒、红辣椒洗净切成片状，备用。

❷ 取一油锅烧热至油温为160℃，放入田鸡块，炸至金黄色，捞起备用。

❸ 锅中留少许油，放入蒜片、青椒片、红辣椒片炒香。

❹ 续加入田鸡块及花椒拌炒均匀。

❺ 最后将所有调料放入容器内拌匀后，再淋入锅内拌炒均匀即可。

蒜苗炒腊肉

材料

湖南腊肉250克、蒜苗1根、竹笋50克、红辣椒30克

调料

Ⓐ 酱油1小匙、糖1小匙、米酒1大匙、水150毫升
Ⓑ 水淀粉1小匙、香油1小匙、辣油1小匙

做法

① 腊肉先用水煮30分钟至软后，洗净切片；红辣椒、蒜苗分别洗净切片备用。

② 竹笋剥壳后洗净切成片状，用沸水汆烫过后备用。

③ 取一锅，加少许油（材料外）烧热，放入红辣椒、蒜苗炒香，再加入腊肉片、竹笋片和调料A，以小火煮至汤汁略干，加入水淀粉勾芡，再加入香油、辣油拌匀即可。

蒸腊味合

材料

腊肉150克、腊鸭100克、腊鱼100克

调料

米酒1大匙、糖1小匙、色拉油1大匙、红辣椒1个（切片）

做法

① 腊肉用200毫升沸水煮10分钟后，洗净切片；腊鸭、腊鱼放入蒸锅用大火蒸20分钟，备用。

② 腊鱼去刺，腊鸭去骨切片，和腊肉一起摆入容器中，再加入所有的调料拌匀。

③ 然后放入蒸锅中，以大火蒸30分钟盛盘即可。

美味关键 正宗的湖南腊肉和腊鸭，要先腊再制酱再熏，成色会比较黄，但具有独特风味。

油淋去骨鸡

材料
鸡腿400克、红辣椒末5克、蒜片10克、花椒末少许

腌料
葱1根、姜片2片、八角1粒、酱油1大匙、米酒2大匙

调料
梅林辣酱油1大匙、香油1小匙

做法
1. 鸡腿洗净去骨后加入腌料拌匀，腌制约10分钟，再放入蒸锅蒸10分钟后取出，备用。
2. 起一油锅，烧热直至油温到140℃，放入鸡腿炸至金黄色，捞起切块摆盘备用。
3. 锅中留少许油，放入蒜片、红辣椒末、花椒末炒香，再加入所有调料拌匀，淋在鸡腿肉块上即可。

绿豆芽炒鸡丝

材料
鸡胸肉150克、绿豆芽50克、姜丝10克、胡萝卜丝5克、葱丝5克

调料
盐1小匙、糖1/2小匙、米酒1大匙、胡椒粉少许、香油1大匙、水淀粉1小匙

腌料
盐少许、胡椒粉少许、米酒少许、淀粉少许、香油少许

做法
1. 鸡胸肉洗净、去骨、去皮切成丝状，加入腌料腌制10分钟后，过油至熟备用。
2. 起一锅，加少许油（材料外）烧热，放入豆芽后用大火快炒，捞起备用。
3. 续于锅中加入姜丝、胡萝卜丝炒香，再加入鸡肉丝、豆芽及所有调料拌炒均匀。
4. 起锅前放入葱丝拌炒均匀即可。

东安子鸡

材料
小母鸡肉	300克
葱	2根（切丝）
姜丝	20克
红辣椒	1个（切丝）

腌料
酱油	适量
香油	适量
米酒	适量
胡椒粉	适量
淀粉	适量

调料
盐	1/2小匙
糖	1小匙
镇江醋	1大匙
香油	1小匙
辣油	1小匙
米酒	1大匙
水淀粉	1大匙

做法
1. 先将小母鸡肉洗净切成长条状，加入腌料腌制10分钟，备用。
2. 起一油锅烧热至油温为140℃，放入肉鸡腿条，略过油捞起备用。
3. 油锅留少许油，放入姜丝、红辣椒丝炒香，再放入过油后的肉鸡腿条与所有调料拌炒均匀。
4. 起锅前再加入葱丝拌匀即可。

干烧草虾

材料
草虾12只、葱1根（切葱花）、姜末10克、酒酿5克

调料
辣椒酱1小匙、番茄酱3大匙、糖2大匙、镇江醋2大匙、米酒1大匙、香油1大匙、水3大匙

做法
1. 草虾去头须及脚尾，挑去肠泥洗净备用。
2. 取一油锅，烧热至油温为150℃后，放入草虾略炸，捞起备用。
3. 油锅留少许油，放入葱花、姜末炒香，再加入草虾、酒酿和所有调料，干烧至汤汁略干即可。

蒜烧黄鱼

材料
黄鱼1条、蒜10瓣、葱段1根、红辣椒段适量

调料
蚝油1小匙、酱油1小匙、番茄酱1小匙、米酒1大匙、镇江醋1大匙、水400毫升、香油1大匙、辣油1小匙

做法
1. 蒜瓣洗净，去蒂去尾，放入油温为150℃的油锅中炸至金黄色，捞起备用。
2. 黄鱼洗净，去鳃去鳞，再放入油温为160℃的油锅中，略炸捞起备用。
3. 锅中留少许油，放入葱段、红辣椒段炒香，再加入炸好的蒜瓣、黄鱼及所有调料，小火煮至汤汁略干即可。

生炒鳝背

⊟ 材料

鳝鱼	150克
小黄瓜	40克
葱段	1根
姜片	20克
蒜片	20克
红辣椒	1个（切片）

🍶 调料

A

酱油	1大匙
糖	1小匙
米酒	1大匙
番茄酱	1小匙
镇江醋	1大匙
水	400毫升

B

水淀粉	1小匙
香油	1小匙
辣油	1小匙

✄ 做法

❶ 先将鳝鱼洗净剁成段状；小黄瓜洗净切成菱形片状，备用。

❷ 起一油锅，烧热至油温为150℃，放入鳝鱼段略炸后捞起备用。

❸ 锅内留少许油，放入葱段、姜片、蒜片、红辣椒片爆香，再加入鳝鱼段、小黄瓜片及调料A，以小火焖煮至汤汁略干。

❹ 最后加入水淀粉勾芡，再加香油、辣油拌匀即可。

香瓜鸽盅

材料

猪肉馅150克、姜末10克、荸荠5个、干贝1颗、香瓜2个

调料

盐1/2小匙、酱油2大匙、米酒1大匙、胡椒粉1小匙、香油1大匙、水200毫升

做法

1. 先将荸荠洗净去皮剁碎，压干水分备用。
2. 将干贝放入电饭锅内锅，电饭锅外锅放1/2杯水，盖上锅盖，按下开关蒸约20分钟至软，取出剥成丝备用。
3. 取一容器，放入猪肉馅、姜末、荸荠碎、干贝丝和所有调料，拌匀后放入蒸锅蒸约12分钟。
4. 最后将香瓜洗净挖空去籽，将荸荠猪肉馅放入香瓜中，蒸约2分钟即可。

香菇焖笋

材料

干香菇6朵、竹笋1支、冬菜10克

调料

酱油2大匙、糖1大匙、番茄酱1小匙、水300毫升、水淀粉1小匙、香油1大匙

做法

1. 干香菇用水泡软洗净，切成斜片；竹笋去壳洗净，切成块状；冬菜洗净，备用。
2. 取一锅，加少许油（材料外）烧热，放入冬菜炒香，续加入香菇片、竹笋块和所有调料（水淀粉与香油除外），以小火焖煮至汤汁略干。
3. 起锅前加入水淀粉勾芡后，再加香油炒匀即可。

荷叶排骨

材料

排骨	750克
葱段	1根
	（切葱花）
姜末	40克
荷叶	1张

调料

辣豆瓣酱	1大匙
甜面酱	1大匙
米酒	2大匙
香油	1大匙
蒸肉粉	200克
色拉油	5大匙
酱油	1大匙

做法

1. 先将排骨洗净、剁成块状，放入容器中备用。
2. 于排骨中加入葱花、姜末及所有调料拌匀，放入蒸锅蒸30分钟备用。
3. 将荷叶用水泡软切成6等份，取出蒸好的排骨分别包入荷叶中，再蒸40分钟即可。

富贵双方

材料

A

家乡火腿	400克
豆腐皮	5张
葱末	10克
中筋面粉	600克
玻璃纸	1张
虾米	40克

B

中筋面粉	250克
冷水	100毫升
热水	150毫升

调料

白胡椒粉	1/2小匙

做法

❶ 取材料B的中筋面粉加冷水，再加60℃的热水拌匀，醒面10分钟后，放入热油锅内以小火煎2分钟，熟透成烙饼备用。

❷ 材料A的家乡火腿洗净，放入蒸锅用大火蒸90分钟，取出切成片状，放入玻璃纸中，加4大匙白糖、1大匙色拉油（皆材料外），再放回蒸锅以大火蒸60分钟，取出备用。

❸ 虾米、葱末放入容器内，加入白胡椒粉即成配料；材料A的中筋面粉加水（材料外），拌匀成面糊，抹在豆腐皮上，放上制作好的配料，再抹上面糊，重复操作此步骤至食材用尽，放入油锅中炸2分钟至金黄色，为素方饼，捞起切片备用。

❹ 取一盘，放入火腿肉、素方饼，食用前再取烙饼，包火腿肉、素方饼一起食用即可。

虎皮鸽蛋

材料

鸽蛋	10个
葱末	10克
姜片	100克
上海青	12棵
杏仁粉	15克
泡打粉	2克

调料

蚝油	1小匙
糖	1/2小匙
高汤	3大匙

腌料

酱油	1大匙
米酒	1大匙

美味关键

可别以为真是以老虎皮入菜，其实是取其形意而已。所谓虎皮，指的是将鸽蛋蘸酱油，使酱色附着于蛋皮上，再入锅炸成金黄色。

做法

1. 上海青洗净剥开，放入沸水中，加入盐、色拉油（材料外）一起汆烫，盛盘备用。

2. 鸽蛋洗净后加水200毫升（材料外），以大火煮10分钟，去壳备用。

3. 将煮熟的鸽蛋加入腌料腌5分钟，沾杏仁粉、泡打粉后，放入油温为120℃的油锅中炸1分钟成金黄色。

4. 取一锅，放入炸好的鸽蛋，放入所有调料，加葱末、姜片，小火煮2分钟，至鸽蛋卤上色后，取出放置于盛有上海青的盘中，将锅中酱汁淋在鸽蛋上即可。

三层楼

材料
草菇3朵、玉米笋6根、上海青6棵

调料
Ⓐ 酱油1/2小匙、糖1/4小匙
Ⓑ 盐1/2小匙、糖1/3小匙、高汤100毫升、水淀粉1大匙、香油少许

做法
① 先将草菇洗净去粗梗，再用沸水汆烫后，捞起放入容器内，加调料A拌匀。
② 玉米笋及上海青对半切，用水汆烫至熟后盛起摆盘，以上海青为底，玉米笋放置其上，接着再放上调味的草菇。
③ 取一锅，加入香油烧热，再加入剩余调料B煮匀后盛起，最后再淋入盘中菜上即可。

脆皮响铃

材料
Ⓐ 豆腐皮3张、葱花10克
Ⓑ 鲜香菇丁20克、竹笋丁30克、肉馅100克、虾米碎40克、火腿末40克

调料
酱油1大匙、米酒1大匙、白胡椒粉1小匙、香油1小匙、水淀粉1/2小匙

做法
① 将材料B用80℃的热水汆烫，备用。
② 热油锅，放入葱花爆香，加入做法1中所有材料，再加入所有调料（水淀粉除外）以中火炒3分钟，最后以水淀粉勾芡。
③ 豆腐皮切成约2厘米宽条状，包入炒好的材料卷成三角形，缝口沾点水淀粉（材料外）黏合。
④ 起油锅烧热，油温至80℃时，放入豆腐皮角炸3分钟至金黄色且外皮酥脆即可。

香菇盒子

材料
干香菇	10朵
猪肉馅	100克
葱末	5克
姜末	5克
高汤	200毫升

调料
盐	1/2小匙
糖	1/3小匙
高汤	100毫升
水淀粉	1大匙
香油	少许

腌料
酱油	少许
盐	少许
胡椒粉	少许
米酒	少许
淀粉	少许
香油	少许

做法
1. 干香菇洗净泡软后，捞起备用。
2. 取一容器，放入猪肉馅、葱末、姜末和所有腌料拌匀，备用。
3. 取另一容器，放入材料中的高汤，煮滚后放入干香菇煮30分钟。
4. 将煮好的香菇内层抹上少许淀粉（材料外），再放入调好的猪肉馅，重复直至所有材料用尽后，全部放入蒸锅蒸12分钟。
5. 起一锅，将所有调料煮匀后盛起，淋入蒸好的冬菇盒子上即可。

湘味茄子

材料
猪肉馅40克、茄子2条、葱段1根、姜20克、蒜10克、花椒粒5克、豆豉5克

调料
Ⓐ 辣椒酱1大匙、糖1小匙、米酒1大匙、酱油1大匙、水200毫升
Ⓑ 水淀粉1小匙、香油1小匙、辣油1小匙

做法
① 先将茄子洗净切滚刀块；葱、姜、蒜均洗净切碎，备用。
② 起一油锅，烧热至油温为160℃，放入茄子块略炸后捞起备用。
③ 锅中留少许油，放入葱碎、姜碎、蒜碎、豆豉、猪肉馅炒香后，再放入调料A、茄子块、花椒拌炒均匀至汤汁略干。
④ 最后加入水淀粉勾芡，再淋入香油、辣油拌匀即可。

网油豆豉蒸鱼

材料
草鱼450克、猪网油1张、豆豉15克、红辣椒1/2根、蒜末20克、葱段1根

调料
盐1小匙、酱油1小匙、糖1/2小匙、米酒1大匙

做法
① 先将草鱼洗净划三刀，放入盘中备用。
② 取一容器，放入豆豉、红辣椒末、蒜末和葱花，再加入所有调料拌匀淋入草鱼上。
③ 最后将猪网油撑开，放在鱼身铺着的调料上，再放入蒸锅蒸12分钟即可。

锅巴香辣虾

🍲材料
虾仁	200克
姜	10克
葱	20克
干辣椒	5克
锅巴	20克
豆酥	30克
花椒粒	1克
淀粉	适量

🍶调料
辣椒酱	1小匙
白糖	1大匙
香油	1小匙

🍢腌料
白胡椒粉	适量
香油	适量
淀粉	适量

❌做法
1. 虾仁洗净去肠泥，拌入所有腌料腌10分钟，沾淀粉后放入油温为140℃的油锅中炸熟，捞起备用。
2. 起油锅，将锅巴放入油温为120℃的油锅中炸酥，捞起压碎备用。
3. 葱、姜洗净切末备用。
4. 起油锅，放入2大匙色拉油（材料外），加入葱末、姜末、豆酥、干辣椒、花椒粒和所有调料爆香。
5. 再加入虾仁、锅巴碎炒香即可。

子姜土鸡汤

材料
土鸡腿1只、子姜100克、高汤120毫升

调料
盐1小匙、糖1小匙、米酒1大匙

做法
1. 土鸡腿洗净去骨，剁成块状；子姜洗净切片，备用。
2. 取一锅，加入少许油（材料外）烧热，放入土鸡腿块和姜片，以小火炒香2分钟至7成熟。
3. 最后加入高汤，煮5～6分钟，加入调料煮熟即可。

美味关键 鸡腿块下锅炒香，可炒至7成熟后，加高汤煮5分钟即熄火，煮熟即可，不可煮过久使汤汁变浊就不好了。

荷花鱼肚

材料
鱼肚150克、鸡胸肉100克、香菜少许、火腿末40克、豆苗120克、鸡蛋1/2个（取蛋清）

调料
盐1小匙、糖1/2小匙、米酒1大匙、白胡椒粉1小匙、高汤700毫升

做法
1. 将鱼肚洗净放入锅中泡温油，30～40分钟发开后，捞起切片状，加入葱花、姜末、米酒（材料外），放入热水中氽烫捞出，备用。
2. 鸡胸肉洗净，去皮、去骨、去筋，剁成蓉状，鸡蓉加少许盐、米酒（皆材料外）、蛋清拌匀，抹在每一片鱼肚上，其上加香菜、火腿末，盛盘后以大火蒸约4分钟取出。
3. 取一锅，放入所有调料煮匀，再倒入蒸熟的鱼肚上，再放上豆苗即可。

汤泡鱼生

材料

鲷鱼片	250克
油条	1根
生菜	60克
香菜	少许
熟白芝麻	少许
葱花	1根

调料

盐	1大匙
糖	1/2小匙
米酒	1大匙
高汤	800毫升
白胡椒粉	1小匙

做法

1. 油条切小块状；生菜洗净切块状，沥干水分；鲷鱼片切成薄片备用。

2. 取一锅，热油至120℃，放入油条块略炸后捞起备用。

3. 将生菜块放入容器内铺底，再放上炸好的油条块，续摆上鲷鱼片，接着再撒上香菜、熟白芝麻及葱花备用。

4. 将所有调料煮匀，淋入即可。

鱼香肉丝

材料
猪肉丝120克、葱30克、蒜5克、黑木耳5克

腌料
酱油适量、白胡椒粉适量、香油适量、淀粉适量

调料
辣椒酱1大匙、白糖1小匙、水50毫升、香油5毫升、辣油5毫升、水淀粉30毫升

做法
① 将葱、蒜和黑木耳洗净切末备用。
② 将猪肉丝加入所有腌料拌匀，腌制10分钟备用。
③ 热锅关火，放入200毫升冷油（材料外），加入腌肉丝过油，捞起备用。
④ 锅中留少许油，热锅后加入葱末、蒜末、黑木耳末爆香，再放入猪肉丝和所有调料快炒均匀即可。

椒麻牛肉

材料
牛肉片150克、葱20克、姜10克、辣椒10克

腌料
酱油适量、白胡椒粉适量、香油适量、淀粉适量

调料
酱油1大匙、镇江醋1小匙、白糖1小匙、鸡粉1小匙、香油1大匙、辣油1大匙、花椒粉1小匙、水30毫升

做法
① 牛肉片加入所有腌料腌制10分钟，放入沸水中关火泡熟，捞起沥干放至盘上备用。
② 葱、姜、辣椒洗净切末，加入所有调料拌匀成酱汁，最后淋至盘上即可。

香辣干锅鸡

🍖 材料
鸡腿	800克
蒜片	20克
姜片	10克
花椒粒	3克
干辣椒	10克
芹菜段	80克
蒜苗	50克

🍶 调料
蚝油	1大匙
辣豆瓣酱	1大匙
白糖	1大匙
水	150毫升
绍兴酒	50毫升

🍳 做法
1. 鸡腿洗净沥干，平均剁成小块，热锅，倒入约200毫升色拉油（材料外），待油温热至约180℃时，放入鸡腿块，炸至表面呈微焦后取出沥油。
2. 锅中留下约2大匙油，以小火爆香蒜片、姜片、花椒及干辣椒，加入辣豆瓣酱炒香。
3. 继续放入炸鸡腿块，加入其他调料炒匀，以小火煮约5分钟至汤汁略收干，再加入蒜苗及芹菜段炒匀即可。

椒麻鸡

材料

鸡腿肉	200克
圆白菜	40克
香菜末	10克
蒜末	5克
辣椒末	10克

调料

酱油	2大匙
柠檬汁	1大匙
白糖	1茶匙
花椒粉	1/2茶匙

腌料

酱油	1大匙
米酒	1小匙

做法

1. 鸡腿肉洗净，加入腌料抓匀，腌制约20分钟；圆白菜洗净切丝，沥干水分，盛盘垫底，备用。

2. 取鸡腿肉放入电饭锅中，外锅加1/2杯水，按下开关、煮至开关跳起，取出沥干汤汁放凉。

3. 热一油锅，待油温烧热至约160℃时，放入放凉的鸡腿肉，以大火炸至焦脆后，捞起沥油、切片、盛盘。

4. 将香菜末、蒜末及辣椒末与所有调料（除花椒粉外）调匀后，淋至鸡腿肉上，再撒上花椒粉即可。

剁椒鱼头

材料
鱼头1/2个、剁椒3大匙、蒜末20克、葱花20克

调料
白糖1/4小匙、绍兴酒1小匙

做法
① 鱼头洗净，备用。
② 鱼头放盘中，将剁辣椒、蒜末、白糖、绍兴酒依序放在鱼头上，放入蒸锅中以大火蒸约20分钟，取出撒上葱花即完成。

美味关键　　"剁椒"指的是湘菜中常被用到的一种辣椒酱，是辣椒腌渍发酵后的成品，不仅可将辣椒的鲜味提升，吃起来更多了香醇口感。

凤尾明虾

材料
Ⓐ 大明虾6只、番茄酱适量
Ⓑ 中筋面粉8大匙、淀粉1大匙、盐1/4小匙、泡打粉1小匙、色拉油1大匙、水30毫升

腌料
葱段1根、姜40克、八角1粒、盐1/2小匙、米酒1大匙、水3大匙

做法
① 大明虾洗净去头、去壳、去沙肠，背部切一刀但不切断，备用。
② 取一容器，放入大明虾，再加入所有腌料，腌制5分钟，备用。
③ 将材料B调匀，放入腌好的大明虾沾裹均匀（虾尾不沾裹）。
④ 起油锅，放入大明虾，以中温油（100~120℃）炸5分钟至熟即可。

辣油炒蟹脚

材料
蟹脚	300克
葱	1根（切段）
辣椒	1个（切片）
蒜	5瓣（切片）
罗勒	10克

调料
酱油	1大匙
沙茶酱	1大匙
糖	1小匙
米酒	1大匙
辣油	1大匙

做法
❶ 蟹脚洗净、拍破壳，放入沸水中氽烫，备用。

❷ 热锅，加入适量色拉油（材料外）烧热，放入葱段、蒜片、辣椒片炒香，再加入蟹脚及所有调料拌炒均匀，起锅前加入洗净的罗勒快速炒匀即可。

椒麻双鱿

材料
鱿鱼100克、墨鱼100克、葱段1根、姜10克、蒜3瓣、花椒粒少许、生菜适量

调料
辣豆瓣酱2大匙

做法
1 生菜洗净，铺在盘中垫底。
2 鱿鱼、墨鱼切兰花刀片，以沸水汆烫；葱洗净切花；姜洗净切末；蒜洗净拍碎切末，备用。
2 取锅烧热后倒入适量油（材料外），放入葱花、姜末、蒜末与花椒粒炒香，再放入汆烫的鱿鱼与墨鱼，加入辣豆瓣酱拌炒均匀，盛在生菜上即可。

香辣墨鱼仔

材料
墨鱼仔3个（约180克）、葱段30克、蒜末20克、红辣椒片15克、熟花生仁50克、淀粉30克

调料
白胡椒盐20克、糖5克

做法
1 将墨鱼仔取出内脏后洗净，切成片状，沾裹淀粉。
2 取一炒锅，加入250毫升色拉油（材料外）烧热至约180℃，将墨鱼仔放入锅中炸至外观呈金黄色，捞起沥油备用。
3 另取一炒锅，加入约15毫升色拉油（材料外），放入葱段、蒜末、红辣椒片先爆香，放入炸好的墨鱼仔一同快炒后，再加入熟花生仁、白胡椒盐和糖翻炒均匀即可。

蒜泥小章鱼

材料
小章鱼120克、豆腐1块、蒜末50克、葱末20克、红辣椒末10克、色拉油适量、香油适量

调料
鱼露50克

做法
1. 小章鱼洗干净，沥干备用。
2. 豆腐略冲水，分切成四方小块，铺在盘底。
3. 将小章鱼铺在豆腐块上，再淋上鱼露、蒜末，盖上保鲜膜，放入电饭锅中，外锅加入1/3杯水，按下开关，煮至开关跳起后取出。
4. 在蒸熟的小章鱼上撒放上葱末和红辣椒末，再淋上色拉油和香油混合后的热油即可。

豆瓣鱼

材料
尼罗红鱼1条、肉泥40克、蒜末15克、姜末15克、辣椒末15克、葱花15克、淀粉适量、水淀粉适量

调料
辣豆瓣酱2大匙、辣椒酱1/2大匙、酱油1小匙、米酒1小匙、糖1小匙、盐少许、水200毫升

做法
1. 尼罗红鱼处理好洗净，均匀沾裹上淀粉，放入油温为160℃的油锅中，炸约5分钟，捞出沥油备用。
2. 锅中留少许油，放入蒜末、姜末、辣椒末与肉泥炒香，再加入所有调料煮至沸腾。
3. 放入炸好的尼罗红鱼煮至入味，以水淀粉勾芡，再撒上葱花即可。

辣炒小银鱼

做法

1. 将花生仁放在砧板上用菜刀切碎；干辣椒、青辣椒、红辣椒和蒜洗净，都切成片状，备用。

2. 小银鱼洗净后，拍上少许面粉，再放入油温约170℃的油锅中炸至外观略呈金黄色泽后，捞起备用。

3. 锅中留少许油，将干辣椒片、青辣椒片、红辣椒片与蒜片先爆香，再加入所有的调料和炸好的小银鱼翻炒均匀。

4. 最后再放入切好的花生碎，拌匀即可。

酸菜鱼

材料
鲈鱼肉200克、酸菜心150克、笋片60克、干辣椒10克、花椒粒5克、姜丝15克

调料
Ⓐ 米酒1大匙、盐1/6茶匙、淀粉1茶匙
Ⓑ 盐1/4茶匙、味精1/6茶匙、白糖1/2茶匙、绍兴酒2大匙、高汤200毫升
Ⓒ 香油1茶匙

做法
1. 鲈鱼肉洗净切成约0.5厘米的厚片，加入所有调料A抓匀；酸菜心洗净、切小片，备用。
2. 热一炒锅，加入少许色拉油（材料外），以小火爆香姜丝、干辣椒及花椒，接着加入酸菜片、笋片及所有调料B煮开。
3. 将鲈鱼片一片片放入锅中略为翻动，继续以小火煮约2分钟至鲈鱼片熟，接着洒上香油即可。

尖椒镶肉

材料
Ⓐ 尖椒5个
Ⓑ 猪肉泥100克、红辣椒1个（切碎）、香菜2根（切碎）、小葱1根（切碎）

调料
香油1小匙、白胡椒粉少许、盐少许

淋酱
Ⓐ 酱油2大匙、水3大匙、白胡椒粉少许、盐少许
Ⓑ 水淀粉适量

做法
1. 尖椒去蒂，用筷子将辣椒籽挖除成中空状，洗净备用。
2. 将材料B和所有调料搅拌成肉泥馅，备用。
3. 将肉泥馅缓缓塞入辣椒的中空处，塞好后放入油温约170℃的油锅内以炸熟盛盘。
4. 将所有淋酱材料A放入锅中，以小火滚开，再以水淀粉勾芡，取出淋在炸好的青椒上即可。

鱼香烘蛋

材料
鸡蛋	7个
猪肉泥	60克
荸荠	35克
葱花	10克
蒜末	10克
姜末	5克
香菜	少许

调料
红辣椒酱	2大匙
酱油	1小匙
白糖	2小匙
水淀粉	1大匙
水	150毫升

做法
1. 荸荠洗净去皮后，切碎；鸡蛋打入碗中搅散；备用。
2. 热锅倒入约100毫升色拉油（材料外），中小火加热至约200℃（稍微冒烟），关火用勺子舀出1勺热油备用，再将蛋液倒入锅中，将备用的热油往蛋中央倒入，让蛋瞬间膨胀，开小火以煎烤的方式将蛋煎至两面金黄后装盘。
3. 将锅中余油继续加热，放入蒜末及姜末小火爆香，加入猪肉泥炒至颜色变白散开，再加入红辣椒酱略炒均匀。
4. 最后加入荸荠末、葱花、酱油、白糖及水翻炒至滚开，以水淀粉勾芡后盛出淋在煎蛋上，撒上香菜即可。

宫保皮蛋

材料

皮蛋	3个
干辣椒	1/4杯
蒜末	1小匙
去皮蒜喂花生	1/2杯
面粉	适量

调料

A

宫保酱	2大匙
水	2大匙

B

香油	少许

宫保酱

材料： 陈醋1杯、酱油1/2杯、糖1/2杯

做法： 将所有材料混合均匀，煮至沸腾即可。

做法

1. 皮蛋放入蒸锅中蒸熟后去壳，切大块均匀沾裹上面粉备用。

2. 起油锅，油热至160℃时，将皮蛋块放入油锅中，以大火炸至定型，捞起沥油备用。

3. 锅中留少许油，以大火爆香蒜末、干辣椒。

4. 倒入调料A煮至沸腾后，再放入炸好的皮蛋块拌匀。

5. 放入去皮蒜味花生拌匀，起锅前加少许香油拌匀即可。

家常豆腐

材料
老豆腐2块、葱1根（切段）、蒜3瓣（切片）、辣椒1个（切段）、香菇2朵、笋片10克、五花肉片 10克

调料
Ⓐ 辣椒酱1大匙、酱油1小匙、糖1小匙、高汤200毫升
Ⓑ 水淀粉1小匙、香油1小匙、辣油1小匙

做法
❶ 老豆腐洗净、切长块，放入油温为150℃的油锅内，炸至金黄色后捞起、沥油，备用。
❷ 香菇泡水至软、洗净切片，备用。
❸ 热锅，加入适量色拉油（材料外），放入葱段、蒜片、辣椒段炒香，再加入笋片、五花肉片、炸豆腐、香菇片及所有调料A拌匀，转小火焖煮2~3分钟。
❹ 续于锅中加入水淀粉勾芡，起锅前再加入香油及辣油拌匀即可。

鱼香豆腐

材料
老豆腐1块、猪肉泥 10克、蒜2瓣、葱1根、水淀粉小匙

调料
辣豆瓣酱1大匙、黑胡椒粉少许、酱油1小匙、鸡粉1/2小匙、糖1小匙、水300毫升

做法
❶ 老豆腐洗净切厚片；蒜、葱洗净切末，备用。
❷ 热锅，倒入适量油（材料外），放入蒜末与猪肉泥、辣豆瓣酱炒香。
❸ 放入其余调料与老豆腐片煮至入味。
❹ 最后以水淀粉勾芡，撒上葱末即可。

辣拌干丝

🍱 材料

白干丝　　300克
胡萝卜丝　50克
芹菜　　　50克
辣油汁　　2大匙

🍲 做法

❶ 白干丝切略短；芹菜去叶片、洗净切段，备用。

❷ 将白干丝、芹菜段、胡萝卜丝一起放入沸水中汆烫约
　 5秒，取出冲冷开水至凉备用。

❸ 将白干丝及芹菜、胡萝卜丝加入辣油汁拌匀即可。

辣油汁

材料： 盐15克、味精5克、辣椒粉50克、花椒粉5克、色拉油120毫升

做法： 1. 将辣椒粉与盐、味精拌匀备用。

　　　　 2. 色拉油烧热至约150℃后冲入辣椒粉中，并迅速搅拌均匀，再加入花椒粉拌匀即可。

红油鱼片

材料
鲷鱼片200克、绿豆芽30克、葱末5克

调料
酱油2小匙、蚝油1小匙、白醋1小匙、白糖1.5小匙、辣油2大匙、冷开水2小匙

做法
1. 鲷鱼片洗净切花片备用。
2. 所有调料放入碗中拌匀成酱汁备用。
3. 锅中倒入适量水烧开，先放入绿豆芽汆烫约5秒，捞出沥干盛入盘中备用。
4. 续将鱼片放入滚水锅中汆烫至再次滚开，熄火浸泡约3分钟，捞出沥干放入绿豆芽上，最后淋上酱汁并撒上葱末即可。

胡椒虾

材料
白虾200克、蒜2瓣、红辣椒1个、葱段2根

调料
盐1小匙、香油1小匙、白胡椒粉1大匙

做法
1. 将白虾的尖头和长虾须剪掉，洗净，再放入滚水中快速汆烫后捞起备用。
2. 将辣椒、蒜洗净，都切片状备用。
3. 油锅烧热，加入辣椒片、蒜片和葱段先爆香，再放入备用的白虾和所有的调料一起翻炒均匀即可。

美味关键 白虾烫过可以去除腥味，因为肉质在汆烫时收缩过，再次炒的时候就不会有出水问题，能够更均匀地沾附上胡椒粉，让味道更浓郁、更快入味。

酸白菜炒回锅肉

🍲 材料
酸白菜片250克、熟五花肉片250克、蒜片10克、辣椒片10克、葱段15克

🍶 调料
盐少许、酱油1小匙、白糖1/4小匙、鸡粉1/4小匙、陈醋1/2大匙

🍳 做法
① 酸白菜片略洗一下马上捞出，备用。
② 热锅，倒入色拉油（材料外），放入蒜片、葱段、辣椒片爆香，再放入熟五花肉片拌炒。
③ 续放入酸白菜片略炒，再放入所有调料拌炒均匀即可。

麻辣鸭血

🍲 材料
麻辣鸭血1块、豆干2片、竹笋1根、葱1根、蒜2瓣、辣椒1个

🍶 调料
花椒1大匙、八角3粒、丁香5粒、干辣椒5克、辣油1大匙、香油1小匙、盐少许、白胡椒粉少许、酱油1小匙、水适量

🍳 做法
① 鸭血切片，豆干切片；竹笋洗净切长条；蒜、辣椒洗净切片；葱洗净切小段，备用。
② 热锅，加入1大匙色拉油（材料外），放入花椒、干辣椒以小火爆香。
③ 再加入鸭血片及所有材料与剩余调料，转中小火煮匀即可。

咖喱鸡丁

材料
鸡胸肉2片、芹菜2根、胡萝卜50克、蒜3瓣、香菜2根

调料
Ⓐ 咖喱粉1大匙、盐少许、白胡椒粉少许、奶油1大匙、水适量、香油1小匙
Ⓑ 水淀粉少许

做法
1. 将鸡胸肉洗净、切大块；香菜洗净切碎，备用。
2. 胡萝卜洗净去皮、切小丁；芹菜洗净切小段；蒜洗净切片，备用。
3. 热锅，加入1大匙色拉油（材料外），放入蒜片爆香，然后入胡萝卜丁、芹菜段炒匀。
4. 再加入鸡胸肉块与所有调料A，续以中火煮约15分钟至鸡肉入味，接着以水淀粉勾薄芡，起锅前加入香菜碎即可。

麻辣牛肉

材料
火锅牛肉片1盒、小黄瓜1根、葱段2根、姜少许、八角1粒、香菜1根、红辣椒1个

调料
糖1/2小匙、盐1/2小匙、香油1大匙、辣油1.5大匙、花椒粉少许、米酒适量

做法
1. 取一锅，煮半锅水至滚，放入1根葱段、姜、米酒、八角煮5分钟，然后捞除葱、姜、八角。
2. 火锅牛肉片洗去血水，放入锅中烫熟，捞出沥干水分备用。
3. 将剩余的1根葱洗净切成葱花；香菜洗净切碎；红辣椒洗净切末；小黄瓜洗净切丝备用。
4. 取一碗，铺上黄瓜丝垫底，放入牛肉片与所有调料拌匀，再加入葱花、香菜碎、辣椒末拌匀即可。

酸辣绿豆粉

材料
绿豆粉块150克

调料
辣油1大匙、镇江醋1大匙、芝麻酱1小匙、酱油
1小匙、白糖1大匙、凉开水1大匙

做法
1. 将绿豆粉块切成小块状，装入盘中备用。
2. 将芝麻酱先用凉开水澥开，再加入剩余的调料，混合拌匀成酱汁。
3. 将酱汁淋至盘中的绿豆粉块上即可。

葱油萝卜丝

材料
白萝卜100克、红辣椒丝5克、葱段2根

调料
A 盐1/2小匙、色拉油30毫升
B 白糖1/2小匙、盐1/4小匙、香油1小匙

做法
1. 白萝卜洗净去皮切丝，用调料A的盐抓匀腌制3分钟后，冲水约3分钟，沥干备用。
2. 葱段洗净切花，置于碗中；将色拉油烧热至约120℃，冲入葱花中拌匀成葱油。
3. 将红辣椒丝、白萝卜丝、葱油及调料B一起拌匀即可。

美味关键
萝卜含有很高的水分，凉拌之前必须加盐去除掉一些水分，才不会在凉拌后出水冲淡味道。

酸辣土豆丝

材料
土豆1个（约150克）、胡萝卜30克

调料
陈醋1大匙、辣油1大匙、白糖1小匙、盐1/6小匙

做法
① 将土豆与胡萝卜洗净去皮切丝，汆烫约30秒后，捞起冲凉备用。
② 将土豆丝、胡萝卜丝与所有调料拌匀即可（盛盘后可加入少许香菜装饰）。

美味关键 土豆原本的口感就是脆的，但是随着加热时间越长，脆度会渐渐转化成松软，所以汆烫的时间要快，涮几下就要马上捞出来冲凉。

凉拌黄瓜鸡丝

材料
醉鸡胸肉250克、小黄瓜丝200克、胡萝卜丝30克、苹果1/2个（切丝）、辣椒丝适量、蒜末5克

调料
盐1/4小匙、糖1/2大匙、糯米醋1/2大匙、香油少许

做法
① 醉鸡胸撕成丝状，备用。
② 取一容器，加入小黄瓜丝、胡萝卜丝，用少许盐拌匀，腌制约5分钟后搓揉拌匀，接着再用冷开水冲洗去盐分，捞起沥干水分。
③ 另取一容器，放入苹果丝、辣椒丝、蒜末、小黄瓜丝、胡萝卜丝，与所有调料一起搅拌均匀，最后加入鸡丝略拌匀，取出盛盘即可。

麻辣耳丝

材料

A

猪耳	1副
蒜苗	1根
辣油汁	2大匙

B

八角	2粒
花椒	1茶匙
葱	1根
姜	10克
水	1500毫升
盐	1大匙

做法

❶ 材料B混合煮至沸腾，放入猪耳以小火煮约15分钟，取出冲冷开水至凉。

❷ 将过凉的猪耳切斜薄片，再切细丝；蒜苗洗净切细丝，备用。

❸ 将猪耳丝及蒜苗丝放加入辣油汁拌匀即可。

> **辣油汁**
>
> **材料：** 盐15克、味精5克、辣椒粉50克、花椒粉5克、色拉油120毫升
>
> **做法：** 1.将辣椒粉与盐、味精拌匀备用。
>
> 2.色拉油烧热至约150℃后，冲入拌好的辣椒粉中，并迅速搅拌均匀。
>
> 3.再加入花椒粉拌匀即可。

凉拌鸭掌

材料
泡发鸭掌   200克
小黄瓜   80克
辣椒丝   10克
姜丝   10克
糖醋酱   5大匙

做法
1. 泡发鸭掌切小条，用温开水洗净沥干；小黄瓜洗净拍松切小段，备用。
2. 将鸭掌条、小黄瓜段及姜丝、辣椒丝加入糖醋酱拌匀即可。

> **糖醋酱**
>
> **材料：** 番茄酱70克、白醋50克、白糖50克、蒜20克、香油30克、盐3克
>
> **做法：** 1.蒜洗净切碎备用。
>
>   2.将所有材料混合拌匀即可。

辣味鸡胗

材料
鸡胗160克、葱段30克、姜片40克、芹菜70克、辣椒丝10克、香菜末5克、豆瓣辣酱3大匙

做法
1. 取一个汤锅，将葱段及姜片放入锅中，加入约2000毫升水，开火煮滚后放入鸡胗。
2. 待煮沸后，将火转至最小维持微滚状态，续煮约10分钟后，将鸡胗捞起沥干放凉，切片备用。
3. 芹菜洗净切小段，汆烫后冲水至凉，与辣椒丝、香菜末及鸡胗、豆瓣辣酱一起拌匀即可。

> **美味关键**
> 因为鸡胗比较厚，所以需要煮久一点，但也不宜煮太久，煮过头可能会缩水。此外，加入姜片与葱段一起汆烫可以去除鸡胗的腥味，如果将之拍裂去腥效果会更好。

麻油黄瓜

材料
小黄瓜3根、辣椒1个（切丝）、蒜末1茶匙

腌料
A 盐1/2茶匙
B 白醋1/2茶匙、白糖1/2茶匙、盐1/4茶匙、香油1大匙

做法
1. 小黄瓜洗净切成长约5厘米的长段，再直剖成4条，备用。
2. 用调料A的盐抓匀小黄瓜条，腌制约10分钟，再将小黄瓜冲水约2分钟，去掉咸涩味，沥干备用。
3. 将小黄瓜置于盆中，加入辣椒丝、蒜末及调料B一起拌匀即可。

香辣拌肚丝

材料
猪肚300克、芹菜5根（切段）、辣椒1个（切丝）、香菜2根（切碎）、蒜5瓣（切片）、生菜适量

调料
Ⓐ 米酒3大匙、盐1小匙
Ⓑ 辣油3大匙、香油1大匙、白胡椒粉1小匙、盐少许

做法
❶ 猪肚洗净、放入锅中，加入可盖过猪肚的水量，再加入调料A，先以大火煮滚，再转小火煮约3小时至软化，再捞起切丝，备用。
❷ 芹菜洗净切段、氽烫，备用。
❸ 取一容器，加入所有的材料与所有调料B搅拌均匀即可。

酸辣鱼皮

材料
鱼皮300克、圆白菜片60克、竹笋片50克、胡萝卜片15克、红辣椒末20克、葱段2根、姜丝10克

调料
Ⓐ 盐1/6小匙、米酒1小匙、鸡粉1/6小匙、白糖1小匙、陈醋1大匙、水50毫升
Ⓑ 水淀粉1小匙、香油1小匙

做法
❶ 将鱼皮放入滚水中氽烫至熟后，捞出冲凉水，备用。
❷ 热锅，加入少许色拉油（材料外），以小火爆香葱段、姜丝及红辣椒末，再加入鱼皮、圆白菜片、笋片及胡萝卜片同炒。
❸ 在锅中淋上米酒略炒后，加入其余调料A以中火炒至圆白菜片略软后，再以水淀粉勾芡，最后淋上香油即可。

麻辣牛腱

材料
牛腱1块、香菜2棵、葱段2根、花椒粉1/2小匙、红辣椒1个

调料
辣油2大匙、卤汁1大匙、糖1/2小匙

卤汁
葱段1根（切丝）、姜2片、桂皮20克、八角2颗、酱油1杯、糖1/4杯、水5杯

做法
1. 牛腱洗净，放入沸水中汆烫去除血水后，放入卤汁中以小火卤约90分钟。
2. 将牛腱取出放凉后，切片排入盘中。
3. 将葱洗净切末，红辣椒洗净切碎，香菜洗净切段，一起撒在盘中。
4. 将所有调料调匀，淋到牛肉片上，再撒上花椒粉即可。

麻辣拌牛筋

材料
卤熟牛筋200克、葱丝50克、蒜末20克、红辣椒丝10克

调料
酱油1大匙、白醋2茶匙、辣椒油1大匙、白糖2茶匙、花椒粉1/2茶匙、香油1茶匙

做法
卤熟牛筋切片，放入大碗中，加入葱丝、蒜末、红辣椒丝及所有调料拌匀即可。

宫保虾球

材料

虾仁	120克
干辣椒	10克
蒜末	5克
葱段	20克

调料

A

盐	1/8小匙
蛋清	1小匙
淀粉	1小匙

B

白醋	1小匙
酱油	1大匙
糖	1小匙
米酒	1小匙
水	1大匙
淀粉	1/2小匙

C

香油	1小匙

做法

1. 虾仁洗净沥干水分，以刀从虾背划开深至约1/3处，去除虾线，放入碗中，加入调料A抓匀备用。

2. 调料B放入另一碗中调匀成酱汁备用。

3. 热锅，倒入适量油（材料外）烧热至约150℃，将做虾仁均匀裹上干淀粉后放入锅中，以中小火炸约2分钟至表面酥脆，捞出沥干油备用。

4. 锅中留余油继续烧热后，放入葱段、蒜末和干辣椒以小火爆香，再加入虾仁，转大火快炒5秒钟，边炒边分次淋入酱汁炒匀，最后淋上香油即可。

陈皮牛肉

材料
牛里脊肉200克、白萝卜片100克、陈皮30克、花椒20克、干辣椒20克、蒜片30克、葱段30克、芹菜100克

腌料
鸡蛋1个、淀粉1大匙

调料
酱油1大匙、酒酿1大匙、糖1小匙、辣油1大匙

做法
1. 先将牛里脊肉洗净切片，用腌料略腌，备用。
2. 陈皮泡软切丝后，与白萝卜片一起放入沸水中烫熟捞出，备用。
3. 取一锅，加入适量油（材料外），放入牛肉片过油至熟后，捞出备用。
4. 锅中留少许油烧热，爆香蒜片、葱段、干辣椒、花椒后，再放入所有调料拌炒。
5. 最后放入其余所有材料拌炒均匀即可。

香根炒牛肉

材料
牛肉丝150克、香菜梗30克（切段）、红辣椒4个（切丝）、葱1根（切丝）、姜丝8克

腌料
鸡精1/6小匙、淀粉1小匙、酱油1小匙、蛋清1大匙

调料
酱油1大匙、白糖1/2小匙、香油1小匙

做法
1. 将牛肉丝加入腌料拌匀腌制约15分钟。
2. 油锅烧热，放入牛肉丝，以大火快炒至牛肉表面变白，盛出备用。
3. 锅内加油烧热，以小火爆香红辣椒丝、姜丝、葱丝，再放入肉丝快炒约5秒。
4. 加入酱油及白糖，转大火快炒至汤汁收干，接着加入香菜梗段略炒匀，起锅前洒上香油即可。

辣味回锅肉

材料

五花肉	200克
青椒	50克
洋葱片	50克
姜片	30克
葱片	30克
干辣椒段	30克
黑木耳片	20克

调料

糖	1大匙
甜面酱	1大匙
米酒	1大匙
辣豆瓣酱	1大匙
水淀粉	1大匙

做法

1. 先将五花肉放入沸水中煮熟后，取出放凉切片，备用。
2. 取一炒锅，放入少许油（材料外）烧热，放入葱片、姜片爆香后，再放入其余材料炒匀。
3. 最后放入所有调料拌炒入味即可。

干锅肥肠

材料
肥肠	200克
四季豆	100克
干辣椒	30克
花椒	10克
葱段	20克
蒜碎	20克

调料
镇江醋	1大匙
酱油	1大匙
红油汤	3大匙
（做法参考P11）	
糖	1大匙

做法
1. 先将四季豆洗净切段；肥肠洗净，放入沸水中煮软后，捞起切片备用。
2. 油锅烧热，放入四季豆段、肥肠略炸后，捞出备用。
3. 锅内留少许油，放入其余材料爆香，再倒入炸好的四季豆段及肥肠。
4. 最后加入全部调料拌炒均匀至收汁即可。

酱烧鱼头

🍲 材料
鲢鱼头	400克
姜末	30克
葱末	30克
蒜苗丝	30克
水	300毫升

🥢 腌料
姜片	50克
葱段	50克
米酒	2大匙
盐	1小匙

🧂 调料
Ⓐ
白醋	1大匙
番茄酱	2大匙
香油	2大匙
甜面酱	1大匙
糖	1大匙
米酒	1大匙
酱油	1大匙
胡椒粉	少许

Ⓑ
香油	1大匙
水淀粉	1大匙

✂ 做法
1. 将鲢鱼头洗净去鳃，用腌料腌制约10分钟备用。
2. 取一锅，放少许油（材料外），放入姜末、葱末爆香，再加入调料A、水、腌好的鲢鱼头拌炒均匀，以小火焖煮至汤汁浓稠。
3. 最后加入调料B，撒上蒜苗丝即可。

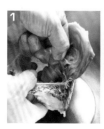

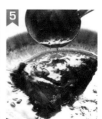

五更肠旺

材料

A

大肠头	1条
鸭血	1块
咸菜	100克

B

蒜末	30克
葱段	30克
姜片	5克
干辣椒片	30克
青花椒粉	10克

调料

A

辣椒油	2大匙
水淀粉	2大匙

B

酱油	2大匙
豆瓣酱	1大匙
糖	1大匙
水	300毫升
白醋	1小匙

做法

1. 先将大肠头洗净，放入沸水中汆烫至软，取出切厚片备用。

2. 鸭血切块；咸菜切片，用水浸泡去咸味，备用。

3. 取一锅，加入辣椒油烧热，再放入材料B爆香，续加入大肠头片、鸭血块、咸菜片和调料B煮滚至入味，最后再加入水淀粉勾芡至浓稠即可。

PART 2

客家菜
最下饭

客家菜风格鲜明，菜肴吃起来大多油油亮亮，口感滑润，饮食倾向重口味。客家人还喜欢将加工处理过的腌菜类搭配肉类或笋干炖煮，让菜品咸、香味俱全，油而不腻。

咸蛋苦瓜

材料
苦瓜	450克
蒜	6瓣（切末）
辣椒	1/3个（切末）
熟咸蛋	2个

调料
盐	1/2小匙
白糖	1小匙

做法
1. 苦瓜剖开去籽，洗净切薄片，放入滚水中汆烫捞起备用；熟咸蛋去壳切丁备用。
2. 油锅烧热，加入蒜末和辣椒末爆香。
3. 再加入苦瓜片和咸蛋丁炒匀。
4. 最后加入所有调料拌炒均匀即可。

 美味关键　　咸蛋苦瓜是客家代表性的菜肴之一。咸蛋加入蒜末，先入锅炒出香气，再充分拌炒，让苦瓜片均匀沾裹咸蛋，香气更浓。

梅干菜扣肉

材料
五花肉	250克
梅干菜	200克
蒜末	15克
辣椒末	10克

调料
酱油	1大匙
白糖	1小匙
米酒	1大匙

美味关键　腌菜都有一股酱味，使用前要先清洗，去除过多的咸味，再入锅煸炒出香味，这样做出的菜品更美味。

做法
1. 将五花肉洗净后，放入滚水中氽煮25分钟至熟，捞起备用。
2. 在煮熟的五花肉表面抹酱油（分量外），放入油温为160℃的油锅中炸至金黄，捞起待凉切厚片，放入容器中铺底备用。
3. 梅干菜洗净切小段备用。
4. 锅烧热，加入适量油（分量外），放入蒜末、辣椒末爆香，再加入梅干菜段炒2～3分钟，加入所有调料拌匀。
5. 然后盛出填入盛有五花肉片的容器中，放入蒸锅蒸120分钟，再倒扣于盘中即可。

客家小炒

材料

A

五花肉	180克
豆干	5块
干鱿鱼	90克

B

虾米	30克
葱段	5根
姜丝	30克
芹菜段	15克
蒜末	10克
辣椒	1个（切片）

调料

酱油	1.5大匙
盐	1/2小匙
白胡椒粉	1/4小匙
米酒	2大匙
白糖	1小匙
水	200毫升

做法

1. 干鱿鱼泡水3小时至软，洗净剪成条状备用。
2. 五花肉洗净后，放入滚水中汆煮20分钟，待凉切成条状备用。
3. 豆干对剖，切成条状备用。
4. 净锅烧热，放入五花肉条爆炒出油，再加入豆干条炒至微干。
5. 再加入虾米、所有调料拌炒，放入材料B的其余材料，起锅前加入鱿鱼条，以大火拌炒均匀即可。

炒鸡酒

材料
土鸡	750克
老姜	80克

调料
胡麻油	100毫升
米酒	1200毫升

做法
1. 土鸡洗净切块；老姜洗净切片，备用。
2. 锅烧热，放入胡麻油，再加入老姜片爆炒至起姜毛且略黄。
3. 加入土鸡块略炒，再倒入米酒。
4. 最后再炖煮7 ~ 8分钟即可。

美味关键　客家炒鸡酒与台式麻油鸡只有少许不同，没有红枣、枸杞子，用麻油把老姜爆香，再加入土鸡煸炒，不加一滴水也不放盐，才是正统的做法。

姜丝大肠

材料
猪大肠　450克
嫩姜丝　80克
辣椒丝　10克
葱段　　10克

调料
A
黄豆酱　1小匙
盐　　　1小匙
白糖　　1/2小匙
米酒　　1大匙
B
白醋　　3大匙
香油　　1大匙

做法
① 将猪大肠用粗盐抓拌均匀再洗净，放入滚水中煮熟，切成段状备用。
② 锅烧热，放入嫩姜丝，加入盐、白糖、米酒炒透，捞起备用。
③ 在锅中放入适量油（材料外）烧热，加入黄豆酱和做法1、2中的材料，再加入辣椒丝、葱段和所有调味料，用大火拌炒均匀。
④ 起锅前再加入白醋和香油拌匀即可。

美味关键
　　姜丝大肠的美味诀窍就在于大肠要软硬适中，姜丝要嫩，味道要够酸。大肠最怕入口嚼不烂或是软烂无咬劲儿，处理大肠先用粗盐抓拌，清洗时去除薄膜但不要将油脂完全洗除，下锅炒之前，可以入滚水氽烫5秒，口感最佳。

橘酱白斩鸡

材料
土鸡腿　　　1只（约450克）

调料
客家金橘酱　适量

做法
1. 土鸡腿洗净备用。
2. 将一锅水煮至滚沸，放入土鸡腿煮至再次滚沸，改转小火煮10分钟。
3. 关火后，让土鸡腿续泡25分钟至熟，取出剁成块盛盘。
4. 食用时搭配客家金橘酱即可。

美味关键　想要保留肉汁方法很简单，鸡肉不能直接放入水中一直煮到熟，水煮滚后要改转小火，让水保持要滚不滚的状态，再用焖熟的方式，这样就能锁住鸡肉的原汁原味。

客家猪蹄

材料

猪蹄	900克
葱段	2个
姜片	40克
蒜	30克
八角	2粒

调料

酱油	3大匙
盐	1大匙
冰糖	1大匙
米酒	3大匙
水	2000毫升
淀粉	1小匙

做法

1. 猪蹄洗净，剁成块状，放入滚水中汆烫，捞起备用。
2. 油锅烧热，加入葱段、姜片、蒜和八角炒香。
3. 再放入猪蹄及所有调料煮至滚沸，改转小火焖煮约50分钟。
4. 最后烧煮至略收汁即可。

美味关键　烧煮猪蹄前，爆香香辛料的步骤很重要，葱段、姜片、蒜和八角要先用热油爆香，让香辛味释放出来，再沿锅边淋入少许酱油炝锅，让猪蹄卤起来味道更出色。

封肉

🍲 材料

五花肉	650克		
葱段	2根		
姜片	10克		
蒜片	30克		
辣椒片	30克		
八角	2粒		

🧂 调料

酱油	2大匙
盐	1大匙
冰糖	1大匙
米酒	3大匙
水	1500毫升

美味关键

封肉是客家经典菜肴，重点在于型要完整，肉要卤得香。烹饪时要用氽煮的方式煮定型，再抹上酱油水油炸，久卤后才能保持形状完整。

🍳 做法

① 将五花肉洗净后放入滚水中，煮约25分钟至定型，取出修成长方体形。

② 将五花肉抹上少许的酱油水（分量外），放入油温为160℃的油锅中略炸，捞起备用。

③ 锅中留少许油，放入葱、姜、蒜、辣椒及八角，下锅炒香，再加入所有调料煮匀。

④ 续加入炸五花肉，卤制约90分钟至上色入味即可。

菠萝炒木耳

材料

菠萝	100克
黑木耳	30克
胡萝卜	10克
葱段	1根
姜片	10克
辣椒	1/2个（切片）

调料

盐	1小匙
白糖	1/2小匙

做法

1. 菠萝切片；胡萝卜洗净去皮切菱形片；黑木耳泡发洗净后切片，备用。
2. 油锅烧热，加入葱段、姜片和辣椒片爆香。
3. 再加入菠萝片、胡萝卜片、黑木耳片和所有调料炒匀即可。

美味关键 菠萝的酸香滋味搭配黑木耳，炒出酸甜风味，是客家咸酸甜的独特吃法，夏天食用开胃又养颜。

客家咸猪肉

材料

五花肉	600克
蒜	1瓣（拍碎）
圆白菜丝	适量

腌料

盐	2大匙
酱油	1大匙
白糖	1大匙
米酒	100毫升
五香粉	1小匙
甘草粉	1/2小匙
黑胡椒粉	20克

做法

1. 五花肉洗净，横切成大宽片状，沥干备用。

2. 将腌料中的所有材料放入容器中拌匀，加入拍碎的蒜，抹在五花肉片上，腌制3天备用。

3. 将腌五花肉放入油温为120℃的油锅中，以小火炸至金黄。

4. 炸熟后取出切片，排入摆满圆白菜丝的盘中即可。

美味关键

客家咸猪肉不是只有咸味重，正宗的咸猪肉要将五花肉先腌再蒸，然后再油炸，不仅肉能入味，而且口感外酥内嫩，风味十足。

福菜桂笋

材料

桂竹笋	450克
福菜	40克
姜片	20克

调料

黄豆酱	2大匙
盐	1/4小匙
白糖	2大匙
酱油	1大匙
高汤	1500毫升
猪油	2大匙

做法

1. 福菜洗净，切宽条备用。
2. 桂竹笋洗净切滚刀块，放入滚水中汆烫，捞起备用。
3. 将福菜条、桂竹、笋块、姜片和所有调料放入锅中。
4. 汤沸后再焖煮45分钟即可。

> **美味关键**
> 桂竹笋本身味淡，所以需要搭配咸香的酱料，长时间烧煮入味。福菜又咸又香，单吃口味太重，搭配桂竹笋烧煮，可以让桂竹笋的风味加分。加入猪油可以让本身纤维较粗的桂竹笋吃起来口感滑顺好入口。

红糟肉

材料

A

五花肉	250克
蒜	5瓣（拍碎）

B

淀粉	适量

腌料

红糟	2大匙
白糖	4大匙
黄酒	3大匙

做法

① 将腌料放入容器中拌匀，加入拍碎的蒜，抹在五花肉上，腌制3天备用。

② 将腌五花肉沾上淀粉，放入油温为120℃的油锅中，以小火炸至金黄色。

③ 炸熟后取出切片摆盘即可。

美味关键

红糟肉油炸时，油温不能太高，要用120℃的温油，以中小火炸熟，色泽才好看，如果油温太高，炸起来会黑黑的。

韭菜炒猪血

材料

猪血300克、酸菜40克、韭菜60克、姜10克、胡萝卜10克、葱段1根

调料

酱油1大匙、白糖1/2小匙、白胡椒粉1/2小匙、米酒1大匙

做法

1. 猪血洗净切块；酸菜洗净切片，都放入滚水中汆烫，捞起备用。
2. 韭菜洗净切段；胡萝卜去皮洗净切片；葱洗净切段；姜洗净切片，备用。
3. 油锅烧热，加入姜片、葱段和胡萝卜片炒香，再放入汆烫后的猪血和酸菜。
4. 最后加入所有调料和韭菜段，快炒均匀即可。

菜脯煎蛋

材料

菜脯80克、鸡蛋4个、葱2根（切末）

调料

盐1/2小匙

做法

1. 菜脯洗净切碎，放入干锅中炒香备用。
2. 鸡蛋打入碗中打散备用。
3. 将菜脯碎加入鸡蛋液中，再加入葱末和盐打匀。
4. 油锅烧热，加入菜脯蛋液，煎至两面金黄即可。

美味关键　菜脯咸香味重，拿来做菜脯煎蛋味道更佳。菜脯若先入锅炒出香味，菜脯煎蛋的味道会更好，香味更突出。

咸冬瓜蒸鱼

材料

A
鲈鱼　　　　1条

B
葱　　　　　1/2根
　　　　　　（切葱花）
姜末　　　　10克
蒜末　　　　20克
辣椒末　　　10克

调料
咸冬瓜　　　20克
米酒　　　　2大匙

做法

1. 鲈鱼刮除多余的鱼鳞后洗净，鱼身用刀划三刀，放入盘中；咸冬瓜切碎备用。

2. 将材料B和咸冬瓜末、米酒混合均匀，放入鱼身上。

3. 再将鱼盘放入水滚的蒸锅中，蒸约12分钟即可。

> **美味关键**　咸冬瓜味道咸甘，最适合拿来做蒸鱼的配菜。蒸鱼时不用放太多的调味料，少许咸冬瓜就能带出蒸鱼鲜甜的原汁原味。

酸菜炆猪肚

材料

猪肚　　1/2副
（约250克）
酸菜　　40克
酸笋　　40克
蒜　　　6瓣

调料

盐　　　1/2小匙
白糖　　1小匙
酱油　　1小匙
水　　　800毫升

做法

1. 猪肚洗净切片；酸菜、酸笋切片，和猪肚都放入滚水中汆烫后捞起备用。
2. 油锅烧热，加入蒜瓣爆香。
3. 再加入汆烫的猪肚、酸菜、酸笋炒匀。
4. 最后加入所有调料焖煮10分钟即可。

美味关键　　客家菜中的"炆"，是指大锅烹煮，久煮保温，使食材炖煮之后充分入味。典型的"四炆"，指的是酸菜炆猪肚、炆爛肉、排骨炆菜头、肥肠炆笋干四道菜。

排骨炆菜头

材料
排骨500克、白萝卜300克、胡萝卜50克、蒜5瓣

调料
酱油1小匙、盐1小匙、白糖1小匙、水800毫升

做法
1. 排骨洗净斩块，放入滚水中氽烫，捞起备用。
2. 胡萝卜、白萝卜分别去皮洗净、切块备用。
3. 油锅烧热，加入拍碎的蒜炒香。
4. 再放入排骨、胡萝卜、白萝卜和所有调料，续炖煮35分钟即可。

美味关键 这道菜品以萝卜与肉类炖煮，不仅排骨有萝卜香，且萝卜吸收了排骨精华，入口鲜香，非常受欢迎。选用当季的萝卜味道更香。

菠萝炒猪肺

材料
Ⓐ 猪肺350克
Ⓑ 菠萝60克、黑木耳30克、蒜苗1根、辣椒1个、姜20克

调料
黄豆酱1大匙、白糖1小匙、米酒1大匙、酱油1大匙

做法
1. 菠萝去皮切片；黑木耳洗净切片；蒜苗洗净切斜片；辣椒洗净切片；姜洗净切片，备用。
2. 猪肺灌水洗净，切厚片，放入滚水中氽烫后捞起备用。
3. 油锅烧热，加入做法1中的所有材料炒香，再加入所有调料拌炒。
4. 续放入猪肺片快炒均匀即可。

苦瓜菠萝鸡汤

材料
Ⓐ 土鸡450克、苦瓜150克
Ⓑ 新鲜菠萝片60克、腌菠萝40克、姜片30克、小鱼干20克（泡好）

调料
盐1小匙、白糖1/2小匙、米酒2大匙、水1800毫升

做法
① 土鸡洗净切块，放入滚水中汆烫，捞起备用。
② 苦瓜洗净剖开去籽切段，放入滚水中汆烫，捞起备用。
③ 将土鸡块、苦瓜放入锅中，加入材料B和所有调料。
④ 待汤汁煮沸后，转小火煮25分钟即可。

美味关键 要煮出对味的苦瓜菠萝鸡汤，不仅要加菠萝豆酱增鲜味，还要加新鲜菠萝来增添汤的酸香滋味。

柿饼鸡汤

材料
Ⓐ 土鸡800克
Ⓑ 柿饼2片、姜片2片

调料
盐1小匙、米酒2大匙、水1200毫升

做法
① 土鸡洗净切块，放入滚水中汆烫，捞起备用。
② 将土鸡块放入锅中，加入材料B和所有调料。
③ 然后放入蒸锅中，蒸60分钟即可。

美味关键 柿饼入菜是客家菜的独特吃法。用柿饼炖煮的柿饼鸡汤，生津润肺，在季节变换时品尝，养生效果最佳。

香芋扣肉

🍚 材料

猪肥肉片	80克
芋头	150克
韭菜末	10克
芹菜末	5克
蒜苗末	5克
红葱酥	5克

🧂 调料

A

盐	1/2小匙
白胡椒粉	1/4小匙

B

盐	1/2小匙
白糖	1/4小匙
米酒	1大匙
高汤	100毫升

📖 做法

1. 芋头去皮洗净，刨成粗丝备用。
2. 将70克猪肥肉片、红葱酥和芋头丝放入容器中，加入调料A中的所有材料拌匀。
3. 再放入蒸锅中蒸30分钟，倒扣在盘中。
4. 将调料B中的所有调料、韭菜末、芹菜末、蒜苗末和10克猪肉馅放入锅中，煮匀成酱汁。
5. 再将酱汁淋入盘中即可。

美味关键 香芋扣肉要好吃，重点就在于芋头要香又松。挑选的时候，要选黑点多的芋肉较松，蒸的时候要蒸透，时间要够久，芋头口感才会绵密。

客家腐乳肉

材料		调料	
五花肉	450克	豆腐乳	2块
胡萝卜	150克	白糖	1小匙
蒜	15瓣	米酒	1大匙
葱花	少许	水	800毫升

做法

① 五花肉洗净切厚条状；胡萝卜去皮洗净切滚刀块备用。

② 油锅烧热，放入五花肉条炒香至变色。

③ 再加入蒜、胡萝卜块和所有调料，焖煮30分钟，起锅前撒上葱花即可。

美味关键 这道菜品的重点是豆腐乳的香气，可以选择酒酿豆腐乳，带着酒香味更增添香气。煮之前先把豆腐乳入锅炒香，菜品会更加分。

子姜圆白菜干烧肉

材料
五花肉	350克
圆白菜干	100克
子姜	60克

调料
盐	1小匙
酱油	1小匙
白糖	1小匙
米酒	1大匙
水	1000毫升

做法
1. 圆白菜干洗净泡水约15分钟至软，子姜洗净切片备用。
2. 五花肉洗净切成厚条状。
3. 油锅烧热，放入五花肉条炒香至出油，再加入圆白菜干和姜片拌炒。
4. 最后放入所有调料，炒匀，焖煮30分钟即可。

美味关键

晒干的圆白菜相较于新鲜圆白菜来说，有一股特殊的香气，如果不是自己腌，挑选的时候要选比较黄且香气重的，色太白的大多经过漂白。

笋干卤猪蹄髈

材料
猪蹄髈	1450克
笋干	100克
福菜	60克
葱段	2根
蒜	8瓣
八角	2粒

调料
酱油	2大匙
盐	2大匙
冰糖	2大匙
米酒	5大匙
水	2500毫升

美味关键

蹄髈要卤得金黄油亮，重点就在于蹄髈汆煮后，要抹上酱油水，油炸后才会上色，如果只抹酱油，色泽就会太黑。

做法
① 猪蹄髈洗净放入滚水中，煮25分钟后取出。

② 将猪蹄髈抹上少许酱油水（分量外）至金黄色，再放入油温为160℃的油锅中略炸，捞起备用。

③ 福菜及笋干先用水洗净，再放入热水中略汆烫，捞起备用。

④ 油锅烧热，放入葱段、蒜及八角炒香，加入所有调料煮匀。

⑤ 再加入炸好的蹄髈，卤约120分钟，续放入福菜和笋干，再卤30分钟至软即可。

红糖排骨

 材料
排骨450克、葱段2根、蒜4瓣

调料
红糖1大匙、白糖1大匙、酱油1小匙、黄酒2大匙
水800毫升

做法
❶ 排骨洗净剁成块状，放入加有少许油的锅
中略炒，让肉紧缩，捞起备用。
❷ 在锅中放入葱段、蒜炒香，加入所有调料及
排骨。
❸ 续以小火煮约50分钟即可。

美味关键 客家人喜用红糖入菜，红糖香气足，味道独特，使用前先入锅炒出香气，更能增加风味。

橘酱排骨

 材料
排骨420克、蒜6瓣

调料
金橘酱2大匙、白糖1大匙、酱油1小匙、米酒2大
匙、水800毫升

做法
❶ 排骨洗净剁成块状，放入加少许油的锅中
略炒，让肉稍微紧缩，捞起备用。
❷ 在锅中放入蒜炒香，加入所有调料及排骨。
❸ 续以小火煮约45分钟即可。

美味关键 橘酱是客家菜常见的酱料，与肉类一起炖煮香气十足，煨煮时时间要够久，排骨才能煮得软烂又入味。

阿婆菜

材料
猪板油150克、豆豉10克、辣椒5克、葱段1根

调料
酱油1大匙、白胡椒粉1/2小匙、白糖 1/2小匙、米酒2大匙

做法
1. 锅中放入适量水，放入切小块的猪板油，以小火慢慢煮约20分钟至猪油尽出，取猪油渣备用。
2. 辣椒洗净切成末状；葱洗净切成葱花状，备用。
3. 油锅烧热，放入豆豉及辣椒、葱花下锅爆香。
4. 再加入猪油渣炒香，放入所有调料拌炒均匀即可。

菜脯炒肉

材料
猪后腿肉150克、菜脯40克、蒜5瓣、葱1根、辣椒10克

调料
酱油1大匙、白糖1小匙、米酒1大匙

做法
1. 猪后腿肉洗净切成厚片；菜脯洗净切条，备用。
2. 蒜洗净切片；葱洗净切段；辣椒洗净切斜片，备用。
3. 油锅烧热，放入蒜片、葱段、辣椒片炒香。
4. 再加入肉片和菜脯条炒香，最后加入所有调料拌炒均匀即可。

美味关键　盐腌的菜脯咸味重，使用前最好先泡水去咸味。

酸菜炒咸猪肉

材料
咸猪肉150克、酸菜30克、姜20克、葱1根、辣椒10克、蒜苗80克

调料
酱油1小匙、白糖1小匙、米酒1大匙、水50毫升

做法
1. 咸猪肉洗净切斜片，放入加少许油的锅中，炒香备用。
2. 酸菜洗净切片；姜洗净切片；葱洗净切段；辣椒洗净切片备用。
3. 油锅烧热，放入做法2中的所有材料爆香。
4. 再加入所有调料和炒好的咸猪肉片炒匀即可。

花菜干炒五花肉

材料
熟五花肉150克、花菜干50克、蒜6瓣、辣椒1个

调料
盐1/2小匙、白糖1/4小匙、水200毫升、香油1小匙

做法
1. 花菜干泡冷水至软，洗净备用。
2. 熟五花肉切片；蒜洗净切片；辣椒洗净切片备用。
3. 油锅烧热，放入蒜、辣椒和五花肉片爆香。
4. 再加入花菜干和所有调料焖炒均匀即可。

> **美味关键** 花菜干也是客家菜独特的配料，晒干的花菜干使用前要先泡水还原，泡开后再炒，吃起来口感才脆。

橘酱五花肉

材料
五花肉　　350克
罗勒　　　30克

调料
橘酱　　　适量

做法
1. 罗勒洗净，捞起摆盘备用。
2. 五花肉洗净，放入滚水中水煮25分钟，然后熄火盖上盖，续闷20分钟。
3. 将五花肉取出放凉，切片排入盘中。
4. 食用时再蘸取橘酱即可。

美味关键　勤俭的客家人总是懂得利用食材，一块水煮五花肉简单切片，直接蘸客家最地道的橘酱即可变成另一道美味。

咸蛋蒸肉

🍲 材料

猪肉馅	200克
葱	1/2根
	（切葱花）
姜末	10克
生咸蛋	1个

🍶 调料

盐	1小匙
白胡椒粉	适量
香菜	1大匙
米酒	1大匙
淀粉	1小匙

美味关键　咸蛋独特的咸香加入肉类中，一起蒸煮更添风味。蒸的时候咸蛋清和肉馅充分拌匀，肉馅能充分吸收咸蛋的香气和油脂，香气十足。

📋 做法

❶ 将猪肉馅放入容器中，加入葱花、姜末和所有调料搅拌均匀。

❷ 将生咸蛋清加入调好味的肉馅中拌匀，压成饼状，把生咸蛋黄放至中间。

❸ 将容器放入蒸锅中，蒸约12分钟至熟即可。

苦瓜封

🥘 材料

猪肉馅	200克
苦瓜	450克
韭菜末	30克
虾米末	15克
姜末	20克

🧂 调料

酱油	1/2小匙
盐	1/4小匙
白糖	1/4小匙
白胡椒粉	1/2小匙
米酒	1大匙
淀粉	1大匙
香油	1小匙

美味关键

　　客家苦瓜封是用煎的，而不是用蒸的。苦瓜封中的肉馅若要吃起来Q弹带劲，就不能少了摔打这道手续，多摔打几次，让肉馅馅出筋，吃起来更有弹性。

🍲 做法

❶ 苦瓜洗净，切圆筒状，内部挖空洗净备用。

❷ 猪肉馅放入容器中，放入韭菜末、虾米末和姜末拌匀，再加入所有腌料拌匀，用手摔打出筋备用。

❸ 取做法2适量的肉馅，塞入做法1的苦瓜盅内，重复此做法至材料用尽。

❹ 锅烧热，放入做法3的苦瓜盅，干煎至两面金黄，加入少许水（分量外）盖上锅盖，焖煮至熟即可。

破布籽蒸肉

📋 材料

猪肉馅	200克
葱	1/2根（切葱花）
姜末	10克
破布籽	20克

🧂 调料

盐	1小匙
白胡椒粉	适量
香菜	1大匙
米酒	1大匙
淀粉	1小匙

📖 做法

1. 将猪肉馅放入容器中，加入葱花、姜末和所有调料搅拌均匀。

2. 将破布籽加入肉馅中拌匀，压成饼状。

3. 将容器放入蒸锅中，蒸约12分钟至熟即可。

美味关键

破布籽又名树子，腌渍成酱后味道更香。破布籽味道咸甘，蒸鱼、蒸肉都美味，烹饪时记得连同破布籽酱汁一起倒入，风味更佳。

肥肠炆笋干

材料
肥肠450克、笋干100克、福菜20克、姜片20克

调料
盐1小匙、白糖1小匙、米酒1大匙、水1500毫升

做法
1. 肥肠用盐搓揉，再用水洗净，切段备用。
2. 笋干和福菜洗净，略泡水约10分钟，去除酸味，切段状。
3. 将肥肠、笋干、福菜放入锅中，加入姜片和所有调料，以大火煮开。
4. 再转小火炖煮50分钟即可。

美味关键 腌渍过的笋干在使用前，最好先泡盐水去除酸笋味，时间不能太长，只泡5分钟就要捞起，泡太久会使笋味风味尽失。

客家炒下水

材料
Ⓐ 鸡肝50克、鸡胗80克、鸡心30克
Ⓑ 酸菜丝30克、辣椒片20克、蒜6瓣（切末）
Ⓒ 罗勒10克

调料
黄豆酱1大匙、白糖1小匙、米酒1小匙、水50毫升、香油1大匙

做法
1. 将材料A中的所有材料洗净切块，放入滚水中汆烫后捞起备用。
2. 油锅烧热，加入材料B中的材料炒香。
3. 再放入烫过的鸡肝、鸡胗、鸡心和所有调料拌炒，炒至汤汁略干。
4. 最后放入罗勒拌炒均匀即可。

韭菜炒猪肝

材料

A

猪肝	200克
胡萝卜片	10克
韭菜段	40克

B

酸笋片	40克
姜片	10克
葱段	1根

调料

盐	1小匙
白糖	1/2小匙
米酒	1大匙
白胡椒粉	少许

做法

1. 将猪肝洗净切厚片，抓少许淀粉（分量外），放入滚水中氽烫捞起备用。
2. 油锅烧热，加入材料B中的材料炒香。
3. 再放入猪肝片、胡萝卜片和所有调味料，以大火快炒。
4. 最后拌入韭菜段即可。

美味关键　客家人喜食韭菜，与猪肝一起炒可以去除猪肝的腥味。猪肝不宜炒太久，大火快炒才能保持鲜嫩。

黄酒鸡

材料
土鸡　　　350克
葱段　　　1根
姜片　　　2片

调料
盐　　　　1小匙
黄酒　　　150毫升

做法
1. 土鸡洗净，放入容器中，放入葱段、姜片、盐和75毫升黄酒腌制30分钟。
2. 将盛土鸡的容器放入蒸锅中蒸30分钟。
3. 取出放凉，切块摆盘。
4. 最后淋入其余75毫升黄酒即可。

美味关键　黄酒鸡是客家人逢年过节，或是妇女坐月子时最爱烹煮的汤酒，黄酒就是糯米酒，香醇的酒香配上滑嫩鸡肉，是客家传统名菜之一。

盐焗鸡

📋 **材料**
- Ⓐ 土鸡450克
- Ⓑ 葱段1根、姜片10克
- Ⓒ 粗盐600克、宣纸适量

🧂 **调料**
盐1小匙、香油1大匙、姜泥20克

📖 **做法**
1. 土鸡洗净，放入容器中，放入材料B中的所有材料，入蒸锅蒸25分钟，蒸至8成熟。
2. 将蒸好的土鸡取出吊干放凉，用宣纸包起，涂上炒熟的粗盐焖熟。
3. 食用时除去宣纸，切块摆盘，再蘸取混合的调料汁即可。

客家红糟蒸鸡

📋 **材料**
土鸡320克、葱段1根、姜片20克

🍜 **腌料**
红糟2大匙、米酒2大匙、白糖2大匙

📖 **做法**
1. 土鸡洗净，放入腌料中的所有材料和葱段、姜片，腌制35分钟备用。
2. 将红糟腌土鸡放入蒸锅中蒸约25分钟。
3. 再取出放凉，切片摆盘即可。

美味关键 因为红糟有清滞解腻的作用，所以客家人喜欢用红糟烧煮油多肥厚的鸡肉、猪肉类，用红糟醇厚的特殊风味，提升肉类香味。

子姜焖鸡

材料

A

土鸡　　　　450克

B

嫩姜　　　　60克
辣椒　　　　10克

调料

黄豆酱　　　1大匙
酱油　　　　1大匙
白糖　　　　1小匙
米酒　　　　1大匙
水　　　　　700毫升

做法

① 土鸡洗净切块；嫩姜洗净切片；辣椒洗净切片备用。

② 油锅烧热，放入材料B炒香。

③ 再加入土鸡块和所有调料，焖煮25分钟至入味即可。

美味关键　　子姜就是嫩姜，每年入夏是嫩姜上市的季节，利用红烧的方式，把鸡块、姜片加入酱油、酒、糖等调味料，烧得鸡肉皮香肉烂，鸡块和嫩姜片一起好吃入口。

红糟脆皮鸡

材料
土鸡　　　400克

腌料
蒜　　　　7瓣（切末）
红糟　　　2大匙
黄酒　　　2大匙
白糖　　　3大匙

做法

① 土鸡洗净，鸡身涂抹混匀的腌料，腌制2天备用。

② 将腌好的土鸡放入蒸锅中蒸25分钟。

③ 将蒸鸡取出，放入120℃的油锅中，以中小火油炸，边炸边淋油，炸至表面焦脆。

④ 待放凉后，再切片摆盘即可。

> **美味关键**　抹上红糟调味料的鸡身，要用120℃的温油泡熟，油温不能太高，太高的话会氧化，鸡皮容易变黑。

香酥芋鸡煲

材料

A
土鸡	450克
芋头	250克

B
蒜	4瓣
葱段	1根
辣椒	1个（切断）

调料
酱油	2大匙
白糖	1小匙
米酒	1大匙
水	700毫升

做法

① 土鸡洗净切块备用。

② 蒜去皮；芋头去皮洗净切块，都放入油温为150℃的油锅中略炸后，捞起备用。

③ 油锅烧热，放入材料B炒香。

④ 再加入土鸡块和炸过的蒜瓣、芋头块。

⑤ 最后放入所有调料焖煮35分钟即可。

美味关键　芋鸡煲中鸡肉吸收香芋的精华，好吃又下饭。芋头要先入锅油炸，炸过的芋头口感才会松，芋鸡煲风味更加分。

客家盐水鹅

材料
鹅肉900克、韭菜30克、豆芽40克、姜丝10克

卤汁
盐50克、水3000毫升、葱段2根、姜片40克、八角2粒

做法
1. 将卤汁材料煮匀，放入洗净的鹅肉。
2. 以小火煮15分钟，熄火后盖上锅盖再闷50分钟。
3. 韭菜和豆芽洗净，放入滚水中汆烫，捞起摆盘备用。
4. 待煮熟的鹅肉放凉后切片，排入铺有韭菜和豆芽的盘中，再摆上姜丝即可。

> **美味关键** 鹅肉放入白卤中卤至入味，不是用火直接煮到透，而且用温汤泡熟的方式，鹅肉才鲜嫩多汁。

豆芽鹅肠

材料
鹅肠350克、绿豆芽120克、韭菜10克、姜丝20克、红葱酥10克

调料
A 黄豆适量
B 盐1/2小匙、米酒1大匙、香油1大匙

做法
1. 鹅肠用少许盐（分量外）搓揉洗净，放入滚水中快速汆烫，捞起备用。
2. 豆芽和韭菜洗净，放入滚水中汆烫捞起，和姜丝一起摆盘备用。
3. 将烫熟的鹅肠加入调料B中的所有调料和红葱酥拌匀，放入豆芽和韭菜上。
4. 食用时再蘸取黄豆酱即可。

咸酥溪虾

材料

溪虾	150克
葱	1/2根（切葱花）
蒜	3瓣（切末）
辣椒	1/4个（切末）
淀粉	适量

调料

盐	1/2小匙
白胡椒粉	1/4小匙

做法

1. 溪虾洗净，蘸取适量淀粉，放入油温为160℃的油锅中炸酥后，捞起备用。
2. 油锅烧热，加入葱花、蒜末和辣椒末炒香。
3. 再加入炸溪虾和所有调料拌匀即可。

美味关键 溪虾的体型不大，是生命力旺盛的野生虾种，烹饪方式以咸酥或葱烧为主，成本低廉，是一道下酒好菜。

金橘虾球

材料
Ⓐ 虾仁150克
Ⓑ 葱段1根（切末）、胡萝卜片10克

调料
橘酱2大匙、水1大匙

做法
❶ 虾仁洗净，沾裹适量淀粉（分量外），放入油温为160℃的油锅中炸熟，捞起备用。
❷ 锅中留少许油，加入材料B的材料炒香。
❸ 再加入所有调味料和炸虾仁拌匀即可。

> **美味关键** 虾球的口感要酥，表面必须先裹上一层淀粉，用温油油炸，再加入调料拌炒，入口的口感才会好。

韭菜炒鱿鱼

材料
Ⓐ 发好的鱿鱼150克、韭菜段60克
Ⓑ 胡萝卜丝10克、姜丝10克

调料
盐1小匙、白胡椒粉1/2小匙、米酒1大匙

做法
❶ 发过的鱿鱼洗净，切十字刀后再切段，放入滚水中汆烫，捞起备用。
❷ 油锅烧热，加入材料B炒香。
❸ 续加入鱿鱼段和所有调料。
❹ 最后加入洗净的韭菜段拌炒均匀即可。

> **美味关键** 干鱿鱼口感硬，所以炒鱿鱼必须要用发好的鱿鱼，先汆烫过，下锅炒的时间不宜过久，这样鱿鱼入口有嚼劲儿，软嫩又能保持口感。

福菜苦瓜

材料
苦瓜1条、福菜40克、姜片20克

调料
盐1小匙、白糖1小匙、黄豆酱2大匙、水700毫升

做法
1. 福菜洗净切宽条备用。
2. 苦瓜洗净剖开，去籽切大块备用。
3. 油锅烧热，加入福菜条、苦瓜块、姜片和所有调料拌煮均匀。
4. 汤沸后，再炖煮25分钟即可。

> **美味关键** 福菜可说是客家之宝，单看不起眼，加入食材中一起烹煮，却能提鲜增味，可以说是客家菜中最常用到的食材之一。

枸杞炒水莲

材料
水莲200克、姜丝15克、辣椒丝5克、枸杞子10克

调料
盐1小匙、白糖1/2小匙、香油1大匙

做法
1. 枸杞子泡水至软，备用。
2. 水莲洗净切段，放入滚水中汆烫，捞起备用。
3. 油锅烧热，加入姜丝和辣椒丝炒香。
4. 再加入水莲段，淋入少许水（分量外）、盐和白糖快炒均匀。
5. 起锅前再加入枸杞子和香油拌匀即可。

豆酱焖笋

材料

桂竹笋　　300克
蒜　　　　5瓣

调料

黄豆酱　　2大匙
白糖　　　1小匙
水　　　　1000毫升

做法

① 桂竹笋洗净，用手剥成丝再切成段状。

② 将桂竹笋段放入滚水中，汆烫捞起备用。

③ 油锅烧热，加入去皮的蒜瓣爆香。

④ 再加入汆烫过的桂竹笋和所有调料，烧煮30分钟即可。

美味关键

笋本身味道清淡，如果是用炖煮的方式，可以加入味道醇厚的豆酱一起烹煮，增添咸香风味。

长豆角炒茄子

材料
茄子200克、长豆角300克、罗勒10克、蒜8瓣

调料
盐1大匙、白糖1小匙、水400毫升

做法
① 长豆角洗净，切长段；茄子洗净，切滚刀块备用。
② 油锅烧热，加入拍碎的蒜爆香。
③ 再加入长豆角和所有调料烧煮3分钟。
④ 续放入茄子块炒2分钟。
⑤ 起锅前再放入罗勒拌匀即可。

美味关键　苗栗地区的客家人过端午，会吃长豆角和茄子。吃长豆角以防不被蛇咬（因为长豆角形状像蛇），吃茄子预防被蚊子咬（客家谐音）。

罗勒客家炒茄子

材料
茄子250克、罗勒20克、蒜6瓣

调料
酱油2大匙

做法
① 茄子洗净，切滚刀块，放入油温为160℃的油锅中略炸，捞起备用。
② 油锅烧热，加入拍碎的蒜爆香。
③ 再加入炸茄子块和酱油拌炒。
④ 起锅前再加入罗勒拌匀即可

美味关键　制做这道客家炒茄子时，茄子需先炸过定型，用简单酱料拌炒，起锅前再加入罗勒搅拌均匀，清爽不油腻。

冬瓜封

材料

A

冬瓜　　　450克

B

姜片　　　40克
葱段　　　2根
八角　　　4粒
辣椒　　　2个

调料

盐　　　　1小匙
白糖　　　1大匙
黄豆酱　　2大匙
酱油　　　50毫升
水　　　　1800毫升

做法

1 冬瓜去皮切大块，修成方形块后洗净备用。
2 油锅烧热，加入材料B的香辛料爆香。
3 再加入所有调料煮开，转小火，放入冬瓜方块。
4 续焖煮40分钟即可。

美味关键　　　封的意思就是烳，冬瓜封也就是卤冬瓜，是地道的客家美食，用高汤大火烳出冬瓜原汁美味。

圆白菜封

🍲 材料

Ⓐ

圆白菜　　250克

Ⓑ

姜片　　　40克
葱段　　　2根
八角　　　4颗
辣椒　　　2个

🧂 调料

盐　　　　1小匙
白糖　　　1大匙
黄豆酱　　2大匙
酱油　　　50毫升
水　　　　1800毫升

📋 做法

① 圆白菜切大块洗净备用。

② 油锅烧热，加入材料B的辛香料爆香。

③ 再加入所有调味料煮开，转小火，放入圆白菜。

④ 续焖煮40分钟即可。

> **美味关键**　圆白菜封也是客家美食之一，圆白菜吸收高汤的精华，炖煮成一道鲜甜可口的炖菜，吃的时候一大片夹起来吃，非常过瘾。

  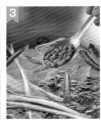  

虾米炒瓢瓜

材料

Ⓐ 瓢瓜450克

Ⓑ 葱段1根、蒜6瓣（切片）、虾米20克

调料

盐1小匙

做法

① 瓢瓜洗净去皮，切粗条备用。

② 油锅烧热，加入材料B爆香。

③ 再加入瓢瓜条，以小火拌炒20秒。

④ 再盖上锅盖，焖煮3分钟，最后加入盐调味即可。

> **美味关键** 瓢瓜去皮切丝，加入虾米和调料，大火快炒，是客家人常见的桌上小菜，凉了也一样好吃。

煸炒花菜干

材料

花菜干150克、胡萝卜丝30克、黑木耳丝10克、姜丝20克

调料

盐1小匙、白糖1/4小匙

做法

① 花菜干用冷水泡软，洗净沥干备用。

② 油锅烧热，加入姜丝爆香。

③ 再加入花菜干、胡萝卜丝和黑木耳丝拌炒。

④ 最后加入所有调料快炒均匀即可。

> **美味关键** 花菜干先用水泡开，再用煸的方式，不用加水，用大火不断煸炒，把花菜干炒出香气和脆度，吃起来与一般蔬菜有不同的口感。

韭菜煎蛋

材料
韭菜	60克
鸡蛋	4个
葱段	1根

调料
盐	1小匙

做法
1. 韭菜洗净切碎；葱洗净切末，备用。
2. 鸡蛋打入碗中，打散备用。
3. 将韭菜碎、葱末加入蛋液中，加入盐打匀。
4. 油锅烧热，加入韭菜蛋液，煎至两面金黄即可。

> **美味关键** 一把韭菜加几个蛋，就是一道省钱又营养的经济菜肴。煎的时候油要多些，油温要高些，这样煎出来的蛋比较蓬松，口感也比较好。

韭香皮蛋

材料
皮蛋3个、韭菜段150克、胡萝卜丝10克、姜丝10克

调料
盐1小匙、白糖1/4小匙

做法
1. 皮蛋放入水中煮熟，去壳后对切成四块。
2. 将皮蛋沾裹适量淀粉（分量外），放入油温为160℃的油锅中炸定型，捞起备用。
3. 油锅烧热，加入姜丝爆香。
4. 再加入炸过的皮蛋、胡萝卜丝和韭菜段拌炒。
5. 最后加入所有调味料快炒均匀即可。

美味关键
皮蛋质地软，若快炒容易破碎，所以皮蛋要先裹薄粉入锅油炸，不仅能使皮蛋定型，吃起来也更香。

塔香煎蛋

材料
罗勒20克、鸡蛋4个、葱段1根

调料
盐1/2小匙

做法
1. 罗勒洗净切碎；葱洗净切末备用。
2. 鸡蛋打入碗中，打散备用。
3. 将罗勒碎、葱末加入蛋液中，加入盐打匀。
4. 油锅烧热，加入罗勒蛋液，煎至两面金黄即可。

美味关键
煎蛋时，大约是2个鸡蛋搭配1大匙油的量，用适量的油煎蛋，蛋就能煎得金黄酥脆，而不会过干或者油腻腻的。

客家酿豆腐

材料
Ⓐ 老豆腐2块
Ⓑ 猪肉馅50克、虾米2克（切末）、干香菇切末1朵（泡软）、虾仁泥20克

调料
Ⓐ 酱油1大匙、白糖1/2小匙、米酒1大匙、水200毫升
Ⓑ 水淀粉 1小匙

腌料
酱油1小匙、米酒1小匙、白胡椒粉少许

做法
① 将材料B中的所有材料放入容器中，放入所有腌料拌匀。
② 将老豆腐切成3块，中间挖洞，取适量调味的馅料塞入，放入油锅中略煎至金黄，捞起备用。
③ 将调料A放入锅中煮开，放入酿豆腐，焖煮6分钟，最后再淋入水淀粉勾芡即可。

豆酱烧豆腐

材料
老豆腐2块、葱花10克、辣椒末10克

调料
黄豆酱1大匙、酱油1小匙、白糖1/2小匙、水100毫升

做法
① 老豆腐切厚片状，放入热锅中，干煎至两面金黄，盛起备用。
② 所有调料和辣椒末放入锅中，煮滚后放入煎好的豆腐，焖煮至汤汁略收干，盛起摆盘。
③ 将锅中剩余的酱汁淋至豆腐上，再撒上少许葱花即可。

客家传统熏鸭

材料
Ⓐ 鸭肉650克
Ⓑ 葱段2根、姜片30克、八角2个

调料
红茶叶50克、大米50克、白糖50克

做法
1. 将鸭肉洗净后放入汤锅中，放入材料B和适量水（材料外）煮开，转小火续煮15分钟，熄火焖煮30分钟，捞起备用。
2. 取锅，锅底铺上一张锡箔纸，放入烟熏材料，架上铁架，放入煮熟的鸭肉。
3. 开中大火待出烟，转小火，盖上锅盖，熏8分钟至鸭肉上色即可。

酱姜鸭肉

材料
Ⓐ 鸭肉150克
Ⓑ 酱姜200克、胡萝卜片30克、芹菜段20克

调料
酱油1小匙、白糖1/2小匙、米酒1大匙、白胡椒粉少许

腌料
酱油1大匙、白胡椒粉1/2小匙、米酒2大匙、白糖1小匙

做法
1. 鸭肉洗净去骨切薄片，加入所有腌料拌匀。
2. 油锅烧热，放入材料B炒香。
3. 再加入腌鸭肉片和所有调料拌炒均匀即可。

子姜炒鸭

材料
A 鸭肉150克
B 嫩姜条100克、酸菜片20克、葱段2根、辣椒丝10克

调料
蚝油1小匙、酱油1大匙、白糖1小匙、米酒1大匙

腌料
酱油少许、白胡椒粉少许、米酒少许、香油少许

做法
1 鸭肉洗净去骨切薄片，加入所有腌料拌匀，过油备用。
2 油锅烧热，放入材料B的材料炒香。
3 再加入腌鸭肉片和所有调料拌匀即可。

紫苏鸭肉

材料
鸭肉150克、紫苏15克、姜片20克、辣椒片10克

调料
酱油1大匙、米酒1大匙

腌料
酱油少许、白胡椒粉少许、米酒少许、淀粉少许

做法
1 将鸭肉洗净，去骨切成薄片，加入所有腌料抓匀，再过油捞起沥干备用。
2 油锅烧热，放入姜片和辣椒片炒香。
3 再加入腌鸭肉片和所有调味料拌匀，最后加入紫苏拌炒均匀即可。

美味关键 用新鲜紫苏叶搭配鸭肉，是客家人独有的创意。紫苏叶和姜片搭配烹炒肉类能去腥解腻。

酱笋蒸鱼

材料

四破鱼　　450克
（约2尾）
姜　　　　10克
蒜　　　　5克
辣椒　　　5克

调料

酱笋　　　2大匙
糖　　　　1小匙
米酒　　　2大匙
色拉油　　2大匙

做法

① 姜洗净切丝；蒜和辣椒洗净切末；四破鱼洗净备用。

② 取一蒸盘，把四破鱼放入蒸盘中，摆上姜丝、蒜末和辣椒末，再加入所有拌匀的调料。

③ 将蒸盘放入蒸锅中，以大火蒸约10分钟至鱼熟，取出即可。

美味关键
蒸鱼酱汁中加入色拉油，可以让鱼肉的肉质滑嫩，蒸好后的色泽也较亮。

客家烧鲷鱼

材料
Ⓐ 鲷鱼片200克
Ⓑ 芹菜段10克、姜片20克、蒜苗1根（切片）、辣椒1/2个（切片）

调料
破布籽1大匙、白糖1小匙、米酒1大匙、水100毫升

做法
❶ 鲷鱼洗净切片，放入滚水中汆烫，捞起备用。
❷ 油锅烧热，放入材料B的材料炒香。
❸ 再加入鲷鱼片和所有调料，烧煮6分钟即可。

美味关键 这道客家烧鲷鱼就是把鲷鱼片汆烫，做成破布籽口味的菜品，破布籽口味咸甘，搭配鱼类最适合。

咸菠萝烧鱼

材料
Ⓐ 黄鸡鱼2条
Ⓑ 姜末20克、蒜3瓣（切末）
Ⓒ 香菜末少许

调料
咸菠萝1大匙、白糖1小匙、米酒1大匙、水200毫升

做法
❶ 黄鸡鱼洗净备用。
❷ 油锅烧热，放入材料B的材料炒香。
❸ 再加入黄鸡鱼和所有调料，烧煮4～5分钟，盛盘后撒上香菜末即可。

美味关键 咸菠萝和咸冬瓜一样，最适合拿来做蒸鱼配菜。不仅味道咸甘，而且酸甜带有水果香。

苦瓜焖鲜鱼

材料

A

鲈鱼　　　1条
苦瓜　　　200克

B

豆豉　　　30克
蒜　　　　6瓣（切末）
辣椒　　　1/2个（切末）

调料

酱油　　　1小匙
白糖　　　1大匙
米酒　　　1大匙
水　　　　600毫升

做法

1. 鲈鱼洗净，放入干锅中，干煎一下备用。
2. 苦瓜洗净剖开，去籽切片备用。
3. 油锅烧热，放入材料B的材料炒香。
4. 再加入苦瓜片和所有调料，放入煎好的鲈鱼，烧煮10分钟至汤汁略干即可。

美味关键

　　客家菜最常用的鱼是罗非鱼，罗非鱼价廉物美，相当实惠。但现代鱼种类多、取得又容易，也可试试用鲈鱼或黄鱼来做菜，搭配苦瓜一起烧煮，不仅烧鱼汤汁香中带苦，苦瓜更能吸取鱼肉精华，很受食客欢迎。

豆酱焖鱼

材料
A 黄鱼1条、罗勒20克
B 葱段1根（切末）、蒜4瓣（切末）、姜末20克

调料
辣椒末1/2根、黄豆酱2大匙、白糖1大匙、米酒1大匙、水600毫升

做法
① 黄鱼洗净，放入干锅中，干煎一下备用。
② 油锅烧热，放入材料B中的材料炒香。
③ 再加入所有调料和干煎过的黄鱼，烧煮10分钟。
④ 最后加入洗净的罗勒拌匀即可。

美味关键 客家人善于利用酱料，利用自制的黄豆酱，蒸鱼或焖笋都适合，几乎多种客家常用材料都可以放入豆酱增加咸甘香气。

香酥溪哥

材料
溪哥150克、葱1/2根（切花）、蒜3瓣（切末）、辣椒1/4个、淀粉适量

调料
酱油1小匙、白糖1小匙、米酒1大匙

做法
① 溪哥洗净，蘸取适量的淀粉，放入油温为160℃的油锅中，炸酥捞起备用。
② 油锅烧热，加入葱花、蒜末和辣椒末炒香。
③ 再加入炸溪哥和所有调料拌炒均匀即可。

美味关键 溪哥是野生的鱼种，裹粉油炸，香酥可口，炸好后淋入咸甜口感的酱汁，非常适合拿来做下酒菜。

阿公菜

材料

溪虾	60克
鸡蛋	4个
葱段	1根（切葱花）

调料

盐	1/2小匙

做法

1. 溪虾洗净，蘸取适量的淀粉（分量外），放入油温为160℃的油锅中，炸酥捞起备用。
2. 将炸过的溪虾切碎，加入打散的蛋液中，放入葱花和盐打匀。
3. 油锅烧热，加入溪虾蛋液，煎至两面金黄即可。

美味关键

阿公菜就是溪虾煎蛋，古时阿公要吃菜，勤俭的阿嬷利用随手可得的食材，河里捞溪虾，再打个蛋下去，就是阿公的方便下酒菜。

客家粄条

🍱 材料

Ⓐ

粄条	450克
韭菜	30克

Ⓑ

五花肉丝	50克
胡萝卜丝	10克
香菇丝	2朵

Ⓒ

红葱酥	10克
虾米	10克

🧂 调料

米酒	1大匙
酱油	2大匙
白糖	1小匙
白胡椒粉	1小匙
水	100毫升

📋 做法

① 韭菜洗净切长段；粄条切宽条备用。

② 油锅烧热，加入材料B的所有材料炒香，再加入材料C的所有材料拌炒均匀。

③ 加入粄条和所有调料炒匀。

④ 最后加入韭菜段炒匀即可。

美味关键 客家人喜吃米食，粄条是客家特产，是用粳米和淀粉调制成浆，平铺炊熟切条，口感厚实软韧，炒食、煮汤皆美味。

客家咸汤圆

材料

A

红、白汤圆　　600克

B

干香菇　　　　4朵
虾皮　　　　　30克
干鱿鱼　　　　50克
五花肉条　　　100克
红葱酥　　　　30克

C

韭菜段　　　　40克
芹菜末　　　　30克
香菜　　　　　10克

调料

盐　　　　　　1大匙
白糖　　　　　1小匙
白胡椒粉　　　1/2小匙
高汤　　　　　1400毫升

做法

❶ 干香菇泡软洗净切成丝；干鱿鱼用盐水泡软洗净，剪成条状备用。

❷ 油锅烧热，加入香菇丝、鱿鱼条、五花肉条和虾皮炒香，加入所有调料煮开。

❸ 将红、白汤圆放入滚水中，汆烫捞起，放入做法2的锅中。

❹ 起锅前再放入材料C中各食材即可。

美味关键　　正宗的客家汤圆是没包馅的，以糯米制成的汤圆搭配咸香的汤头，再加上茼蒿最正统。若茼蒿不是当季菜，加入韭菜和红葱酥也很够味。

棋粑

材料

糯米粉	300克
水	270毫升
花生糖粉	适量

调料

白糖	少许
色拉油	少许

做法

1. 将糯米粉放入容器中，加水拌匀揉成团。
2. 取容器抹上油，放入糯米团，放入蒸锅中蒸20～30分钟至熟备用。
3. 将糯米团取出，趁热加入白糖和色拉油搅拌均匀。
4. 食用时分成小块，蘸取花生糖粉即可。

美味关键　棋粑也就是米麻糬，客家人婚丧喜庆时，都会围在一起用剪刀剪麻糬，宾客离开时也会发送一盒麻糬表示礼数，是客家人传统的待客之道。

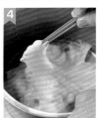

咸米苔目

材料

A

米苔目	200克
韭菜段	40克
芹菜末	10克
香菜	5克

B

猪肉丝	30克
胡萝卜丝	5克
香菇丝	3朵
红葱酥	10克

调料

盐	1大匙
酱油	1小匙
白胡椒粉	1小匙
水	1200毫升

做法

1. 油锅烧热,加入材料B炒香。
2. 再加入所有调料煮开后,放入米苔目略煮。
3. 起锅前再加入韭菜段、芹菜末和香菜即可。

美味关键　用粳米磨成的米浆制成的米面条,就是米苔目。米苔目重在米的特色,口感软糯,有嚼劲儿,米苔目本身是熟的,不用煮太久,搭配韭菜和油葱酥最够味。

粿仔粽

材料

A

糯米粉	600克
水	400毫升
粽叶	适量
棉绳	1串

B

肉馅	150克
香菇(泡开)	5朵
虾米	20克
油葱酥	15克
萝卜干	50克

调料

A

白糖	40克
色拉油	30毫升

B

酱油	1大匙
盐	少许
白糖	1/4小匙
白胡椒粉	少许
米酒	1大匙
五香粉	少许

做法

1. 将糯米粉倒入盆中,加水拌匀,取出1小块压扁后放入沸水中,煮熟后捞出,即成粿母。

2. 将粿母放回放有糯米粉的盆中,加入调料A中的糖揉成团后,再加入色拉油,继续揉至光滑,分成适量大小。

3. 油锅烧热,放入材料B所有材料,续加入调料B所有调料拌炒入味,即为内馅。

4. 取揉好的糯米团搓圆捏扁后,放入适量内馅,包起整成圆形,抹上油(分量外),取粽叶包入,用棉绳绑紧,重复此做法直到材料用尽。

5. 将粿粽放入蒸笼中以中火蒸20～30分即可。

美味关键 用糯米粉制成的外皮,包入肉馅、萝卜干和油葱酥做成的内馅,这种风味独特的粿粽,是台湾新竹地区的客家美食。

艾草粿

材料

A

糯米粉	300克
水	130毫升
艾草	50克
色拉油	20毫升
竹叶	适量

B

肉馅	150克
香菇碎	30克
菜脯米	40克
红葱酥	20克

调料

A

白糖	少许
盐	少许

B

酱油	1小匙
白胡椒粉	1小匙
米酒	1大匙
白糖	1小匙

美味关键

艾草粿是用艾草的绿色素染入糯米的外皮，艾草先汆烫过，才不易有苦味。特点是粿皮润滑、筋道、内馅香，是客家的乡土小吃。

做法

1. 艾草洗净，放入滚水中汆烫捞起，放入果汁机中加入水打碎。
2. 将糯米粉放入容器中，倒入艾草汁和调料A的材料搓揉成团。
3. 油锅烧热，放入材料B的所有材料和调料B的所有材料炒香，即成内馅。
4. 取揉好的艾草糯米团，放入滚水中煮熟，捞起放回糯米团中，加入油后搓揉均匀。
5. 取适量艾草糯米团搓圆捏扁后，放入适量内馅，包起整成扁圆形，重复此做法直到材料用尽。
6. 竹叶抹上油，放上艾草粿，再放入蒸笼中以中火蒸20~30分即可。

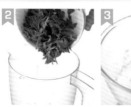

客家菜包

材料

糯米粉	400克
白萝卜丝	600克
肉馅	150克
虾米	40克
油葱酥	30克
温水	240毫升
竹叶	适量

调料

A

白糖	20克
色拉油	1.5大匙

B

酱油	1小匙
盐	1/2小匙
鸡粉	少许
白胡椒粉	1/4小匙

做法

1. 将糯米粉倒入盆中，加温水拌匀，取出3小块压扁后放入沸水中，煮熟后捞出，即成粿母。
2. 将粿母放回盛糯米粉的盆中，加入糖揉成团后再加入色拉油，继续揉至光滑，分成适量大小。
3. 油锅烧热，放入肉馅炒至变色，再加入酱油、虾米和白萝卜丝拌炒至软，续加入调料B剩余调料和油葱酥拌炒入味，即为内馅。
4. 取适量做法2的糯米团搓圆捏扁后，放入适量内馅，包起整成椭圆形，中间捏出一条线，重复此做法直到材料用尽。
5. 竹叶抹油，放上菜包，再放入蒸笼中以中火蒸20～30分即可。

美味关键

客家的糯米粿类都是用粿母的方式做出来的。粿母就是把一小块糯米团捏扁，放入滚沸的水中，煮到粿母浮起至熟，再加到生的粉团中继续搓揉，使其均匀成团。

九层糕

材料

A

粘米粉	400克
树薯粉	50克
水	600克

B

黄砂糖	80克
水	250毫升

C

红糖	80克
水	250毫升

做法

1. 将材料A混合均匀，分成2等份。
2. 将材料B、材料C分别煮匀，分别倒入做法1的2份粉浆中，成为1份黄粉浆，1份白粉浆。
3. 模型中铺上不粘纸，先倒入适量黄粉浆，放入蒸锅中，以大火蒸5分钟，使其呈半凝固状。
4. 续倒入适量白粉浆，以大火蒸5分钟，使其呈半凝固状。
5. 再重复做法3、4的步骤直到粉浆用尽，放凉后取出切片即可。

美味关键 九层糕一层一层美丽的黄白粉糕，是一层一层分次蒸出来的，虽然费工，但两种风味的粉糕交错，好看又好吃。放入蒸笼蒸时，周围气孔须流通才会熟。

清炖鸡

材料
土鸡	750克
葱段	2根
姜片	40克

调料
水	1000毫升
米酒	3大匙
盐	1大匙
白糖	1/2小匙

做法
1. 土鸡洗净，放入滚水中汆烫，捞起放入汤锅中。
2. 在锅中放入葱段、姜片、水和米酒，放入蒸锅中蒸约90分钟。
3. 再放入盐和白糖调味即可。

美味关键 客家菜的鸡用的都是品质较好的鸡肉，多用乌骨鸡或是土鸡，因为客家长辈常说，什么都可以省，只有吃的不能省。

仙草鸡

▥ 材料

A

土鸡　　　　1只
（约1450克）
仙草干　　　500克

B

枸杞子　　　15克
红枣　　　　10克

🖐 调料

水　　　　　3000毫升
米酒　　　　1大匙
盐　　　　　1大匙
白糖　　　　1/2小匙

美味关键　仙草入菜是客家的特殊吃法。仙草干先熬煮出味，再放入鸡肉熬煮，汤汁色黑但不浓，带有一股淡淡的仙草清香。

📋 做法

1. 土鸡洗净，放入滚水中氽烫，捞起放入汤锅中。

2. 取锅倒入水，放入洗净的仙草干，加水熬煮1小时，即仙草汁。

3. 取仙草汁1500毫升放入鸡肉汤锅中。

4. 续在锅中放入枸杞子和红枣，放入蒸锅中蒸90分钟。

5. 最后放入盐、白糖和米酒调味即可。

菜脯鸡汤

🍱 材料

A

土鸡	750克

B

老菜脯	60克
葱段	2根
姜片	40克

🧂 调料

A

水	1000毫升
米酒	3大匙

B

盐	1大匙
白糖	1/2小匙

📋 做法

1. 土鸡洗净，放入滚水中氽烫，捞起放入汤锅中。
2. 在锅中放入材料B和调料A中的材料，放入蒸锅中蒸90分钟。
3. 最后放入盐和白糖调味即可。

> **美味关键**
> 陈年老菜脯色黑味重，煮汤时加入少许，老菜脯的精华全溶入汤中，鸡头更显甘醇浓厚，增添丰富口感层次。

酸菜猪肚汤

材料
熟猪肚 150克
酸菜 60克
竹笋 30克
姜片 20克

调料
盐 1小匙
白糖 1/2小匙
水 1200毫升

做法
1. 熟猪肚洗净切片；酸菜洗净切片；竹笋洗净切片备用。
2. 将做法1中的所有材料放入滚水中氽烫，捞起放入汤锅中。
3. 再加入所有调料和姜片。
4. 煮开后，转小火煮1分钟即可。

美味关键
腌渍的咸菜味道咸重，可刺激胃液分泌，帮助消化，使肉品不觉油腻，所以咸菜搭配猪肚煮成汤正适合，若汤中再加些胡椒颗粒更能突显鲜味。

干长豆角炖汤

材料
干长豆角120克、排骨250克、姜丝30克

调料
盐1小匙、白糖1/2小匙、水2000毫升

做法
① 干长豆角泡水至软备用。
② 排骨洗净斩块，放入滚水中氽烫去血沫，捞起备用。
③ 将干长豆角和排骨放入汤锅中，加入姜丝和所有调味料。
④ 煮开后，转小火续煮30分钟即可。

美味关键 各种晒干的食材，包括长豆干、花菜干等，都可以拿来与肉类一起炖汤，菜干的风味融入汤中，是地道的客家汤品。

福菜肉片汤

材料
福菜100克、五花肉150克、姜30克、竹笋50克

调料
盐1小匙、白糖1/2小匙、高汤1500毫升

做法
① 福菜洗净切段；竹笋洗净切片；姜洗净切丝备用。
② 五花肉洗净切片备用。
③ 将福菜、竹笋片、姜丝放入汤锅中，加入所有调料。
④ 煮开后，转小火续煮25分钟。
⑤ 最后放入五花肉片煮熟即可。

美味关键 不用高汤而选用五花肉片，有助鲜味的提升，福菜的咸香也能增添汤头的风味。

酸菜鸭片汤

材料
鸭肉　　150克
酸菜　　60克
竹笋　　30克
姜片　　20克

调料
盐　　　1小匙
白糖　　1/2小匙
水　　　1200毫升

做法
1. 鸭肉洗净切片；酸菜洗净切片；竹笋洗净切片备用。
2. 将酸菜片和竹笋片放入滚水中汆烫，捞起放入汤锅中。
3. 再加入所有调料和姜片。
4. 煮开后，转小火煮3分钟，再放入鸭肉片续煮至熟即可。

美味关键 这道酸菜鸭片汤其实做法很简单，是将酸菜先煮数分钟后煮出风味，再放入鸭肉煮熟，免得鸭肉在汤中煮太久，口感会过老。

萝卜钱肉片汤

材料
萝卜钱干　250克
猪肉片　　100克
姜片　　　30克

调料
盐　　　1小匙
白糖　　1/2小匙
米酒　　1大匙
水　　　1200毫升

做法
1. 萝卜钱干洗净备用。
2. 将萝卜钱、猪肉片、姜片和所有调料放入锅中。
3. 煮开后，转小火煮4～5分钟即可。

美味关键　　萝卜钱就是将小条萝卜或是卖相差的新鲜萝卜刨成形状像铜钱的薄片，经过阴干、晒干制作而成。萝卜钱通常拿来煮汤，是在客家餐厅才吃得到的汤品。